建筑设计要素丛书

建筑外墙

Building Exterior Wall

郑子方　编著

中国建筑工业出版社

图书在版编目（CIP）数据

建筑外墙 = Building Exterior Wall / 郑子方编著
. —北京：中国建筑工业出版社，2022.9
（建筑设计要素丛书）
ISBN 978-7-112-27729-2

Ⅰ.①建… Ⅱ.①郑… Ⅲ.①建筑物—外墙—建筑设
计 Ⅳ.①TU227

中国版本图书馆CIP数据核字（2022）第144896号

责任编辑：唐　旭　吴　绫
文字编辑：李东禧　孙　硕
书籍设计：锋尚设计
责任校对：李美娜

建筑设计要素丛书
建筑外墙
Building Exterior Wall
郑子方　编著

*
中国建筑工业出版社出版、发行（北京海淀三里河路9号）
各地新华书店、建筑书店经销
北京锋尚制版有限公司制版
北京中科印刷有限公司印刷
*
开本：787毫米×1092毫米　1/16　印张：11½　字数：199千字
2022年9月第一版　　2022年9月第一次印刷
定价：**45.00**元
ISBN 978-7-112-27729-2
　　（39760）

总序

何为建筑？

何为建筑设计？

这些建筑的基本问题和思考，不同的建筑师有着不同的体会和答案。

就建筑形式和构成而言，建筑是由多个要素构成的空间实体，建筑设计就是对相关要素的组合，所谓设计能力亦是对建筑要素的组合能力。

那么，何为建筑要素？

建筑要素是个大的范畴和体系，有主从之分和相互交叉。本丛书结合已建成的优秀案例，选取九个要素，即建筑中庭、建筑入口、建筑庭院、建筑外墙、建筑细部、建筑楼梯、外部环境、绿色建筑和自然要素，图文并茂地进行分析、总结，意在论述各要素的形成、类型、特点和方法，从设计要素方面切入设计过程，给建筑学以及相关专业的学生在高年级学习和毕业设计时作为参考书，成为设计人员的设计资料。

我们在教学和设计实践中往往遇到类似的问题，如有一个好的想法或构思，但方案继续深化，就会遇到诸如"外墙如何开窗？入口形态和建筑细部如何处理？建筑与外部环境如何融合？建筑中庭或庭院在功能和形式上如何组织？"等具体的设计问题；再如，一年级学生在建筑初步中所做的空间构成，非常丰富而富有想象力，但到了高年级，一结合功能、环境和具体的设计要求就会显得无所适从，不少同学就会出现一强调功能就是矩形平面，一讲造型丰富就用曲线这样的极端现象。本丛书就像一本"字典"，对不同要素的建筑"语言"进行了总结和展示，可启发设计者的灵感，犹如一把实用的小刀，帮助建筑设计师游刃有余地处理建筑设计中各要素之间的关联，更好地完成建筑设计创作，亦是笔者最开心的事。

经过40多年来的改革开放，中国取得了举世瞩目的建设成就，涌现出大量具有时代特色的建筑作品，也从侧面反映了当代建筑教育的发展。从20世纪80年代的十几所院校到如今的300多所，我国培养了一批批建筑设计人才，成为设计、管理、教育等各行业的专业骨干。从建筑教育而言，国内高校大多采用类型的教学方法，即在专业课建筑设计教学中，从二年级到毕业设计，通过不同的类型，从小到大，由易至难，从不同类型的特殊性中学习建筑的共性，即建筑设计的理论和方法，这是专业教育的主线。而建筑初步、建筑历史、建筑结构、建筑构造、城乡规划和美术等课程作为基础课和辅线，完成对建筑师的共同塑造。虽然在进入21世纪后，各高校都在进行教学改革，致力于宽基础、强专业的执业建筑师培养，各具特色，但类型的设计本质上仍未改变。

本书中所研究的建筑要素，就是建筑不同类型中的共性，有助于专业人士在建筑教学过程中和设计实践中不断地总结并提高认识，在设计手法和方法上融会贯通，不断与时俱进。

这就是建筑要素的重要性所在，两年前郑州大学建筑学院顾馥保教授提出了编写本丛书的构想并指导了丛书的编写工作。顾老师1956年毕业于南京工学院建筑学专业（现东南大学），先后在天津大学、郑州大学任教，几十年的建筑教育和创作经历，成果颇丰。郑州大学建筑学院组织学院及省内外高校教师，多次讨论选题和编写提纲，各分册以1/3理论、2/3案例分析组成，共同完成丛书的编写工作。本丛书的成果不仅是对建筑教学和建筑创作的总结，亦是从建筑的基本要素、基本理论、基本手法等方面对建筑设计基本问题的回归和设计方法的提升，其中大量新建筑、新观念、新手法的介绍，也从一个侧面反映了国内外建筑创作的发展和进步。本书将这些内容都及时地梳理和总结，以期对建筑教学和创作水平的提升有所帮助。这亦是本丛书的特点和目标。

谨此为序。在此感谢参与丛书编写的老师们的工作和努力，感谢中国建筑出版传媒有限公司（中国建筑工业出版社）胡永旭副总编辑、唐旭主任、吴绫副主任对本丛书的支持和帮助！感谢李东禧编审、孙硕编辑、陈畅编辑的辛苦工作！也恳请专家和广大读者批评、斧正。

郑东军
2021年10月26日
于郑州大学建筑学院

前言

　　建筑设计所涉及的内容非常丰富，作为"建筑设计要素丛书"之一，如果把建筑要素主要分为"虚""实"两大类，建筑外墙应属于建筑设计中的实体要素。从综合性和复杂性而言，无论艺术、人文、历史、美学、科学、技艺等都和建筑外墙的设计有直接关系。本书内容形成了相对完整的建筑外墙设计系统，主要内容在分析归纳的基础上，通过简明的分析图对典型案例进行阐述，为读者提供一个相对清晰完整的框架。

　　本书从建筑设计角度出发，从结构对外墙的影响、材料的属性特征、视觉形态构成设计等方面，对一些基本规律进行分析阐述，从物质形态到艺术构成，循序渐进，易于掌握，对广大设计人员在建筑创作中拓展思路大有裨益。

　　本书可以作为高校建筑学及相关专业学生的参考教材或工具手册，也可以供建筑师等设计人员参考使用。本书的编写工作在中国建筑出版传媒有限公司（中国建筑工业出版社）的大力支持下得以完成，在此向出版社有关领导和编辑，向郑州大学建筑学院顾馥保、郑东军老师及参与编写的每一位成员致以衷心的感谢。

目录

总序
前言

1 概述

1.1 建筑外墙的概念 / 2

1.2 建筑外墙的演进 / 2

1.3 建筑外墙的风格 / 6

    1.3.1　中国的建筑外墙风格 / 7

    1.3.2　西方的建筑外墙风格 / 17

2 建筑外墙与结构

2.1 砌体结构 / 28

2.2 框架结构 / 31

2.3 幕墙结构 / 36

2.4 网架结构 / 39

2.5 其他结构 / 41

3 建筑外墙的材料

3.1 自然材料 / 46

    3.1.1　黏土　/ 46

    3.1.2　木材　/ 49

    3.1.3　石材　/ 52

3.2　人工材料　/ 54

3.2.1　砖　/ 54

3.2.2　混凝土　/ 60

3.2.3　金属　/ 64

3.2.4　玻璃　/ 68

3.2.5　陶瓷　/ 71

3.2.6　其他材料　/ 74

3.3　装饰·构造　/ 78

3.3.1　木材外墙构造案例　/ 79

3.3.2　石材外墙构造案例　/ 82

3.3.3　砖材外墙构造案例　/ 86

3.3.4　混凝土外墙构造案例　/ 88

3.3.5　金属外墙构造案例　/ 90

3.3.6　玻璃外墙构造案例　/ 93

4　建筑外墙的形式

4.1　构成要素　/ 98

4.1.1　点　/ 98

4.1.2　线　/ 101

4.1.3　面　/ 104

4.2　视觉要素　/ 107

4.2.1　形态　/ 107

4.2.2　色彩　/ 111

4.2.3　图案　/ 115

4.2.4　光影　/ 122

4.3　美学原则　/ 123

4.3.1　变化与统一　/ 123

4.3.2　对称与均衡　/ 125

4.3.3　对比与调和　/ 128

4.3.4　尺度与比例　/ 131

　　　　4.3.5　韵律与节奏　　/　133
　　4.4　**构成手法**　/　**135**
　　　　4.4.1　加法　/　135
　　　　4.4.2　减法　/　142
　　　　4.4.3　突变　/　148
　　　　4.4.4　柔化　/　152

5　建筑外墙设计的策略

　　5.1　物理功能　/　156
　　5.2　建造逻辑　/　161
　　5.3　空间特点　/　163
　　5.4　环境因素　/　166
　　5.5　文化表达　/　168

　　参考文献　/　173
　　后记　/　174

1

概述

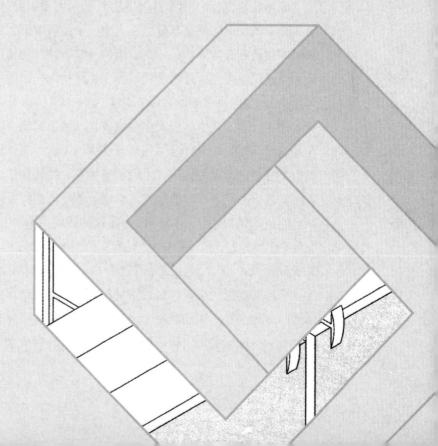

1.1　建筑外墙的概念

墙的本义是房屋或园场周围的障壁，本书中的建筑外墙是指建筑内外空间的分隔构件，即建筑物与外界接触的墙。外墙是建筑物的重要组成部分，它的作用是承重、围护和分隔空间，为社会生产、生活提供舒适、良好的室内环境。建筑外墙的形式可根据建筑物的结构、建筑材料与构造以及不同的设计手法呈现出丰富的多样性。

1.2　建筑外墙的演进

原始社会初期，人类为了在自然环境中生存而建造房屋，以此来遮风挡雨、抵御野兽的攻击。原始的住居由火塘、屋顶、围护和土方基础四个基本元素构成，原始建筑围护通常是围栏或编织的栅栏，这是最原始的外墙。原始社会晚期，人类通过打猎获取动物皮毛，将其覆盖在编织的墙体上，防止恶劣气候的侵袭，通过手工劳作利用泥土、石头等天然材料砌筑更为坚固的外墙。再往后，雕刻和绘画出现在墙面上，成了外墙最初的装饰手法。

原始社会之后，世界各地的古代建筑材料、技术有了很大的进步与发展，建筑的承重体系基本分为两大类，一是西方国家自古埃及、古希腊到古罗马等以砖石砌筑的承重体系，墙体是整个建筑的结构支撑体系，由墙体承载上层建筑及屋顶，外墙是建筑的主体结构之一，例如罗马万神庙，巨大的穹顶由厚度超过1米的墙体承托起来（图1-2-1）。受到材料和科技水平的制约，建筑外墙的艺术处理大多是堆砌在外墙上的装饰物，最常用的表现形式是绘画和雕塑。此时外墙受到建筑结构的制约，建筑外墙具有封闭、厚重的特点。二是中国以木构架为主的承重体系，砖墙仅作为填充的围护（图1-2-2），其成为迥异于西方的东方古典建筑最显著的特征。中国古代还有以土、砖、石砌筑的民居（图1-2-3）、高耸的砖塔（图1-2-4）、延绵无尽的万里长城（图1-2-5）等，墙是中华民族文化性内涵的表达，有"中国墙·无墙，则无家"之说。

直到19世纪的工业革命，新材料和新技术的迅速发展为外墙提供了摆脱承重束缚的条件，钢筋混凝土、钢铁、玻璃等材料及其建造技术，产生了新的结构——框架结构，让外墙从结构体系中脱离出来，外墙的功能不再是结

| （a）实景照片 | （b）立面图 |

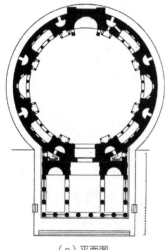

（c）平面图

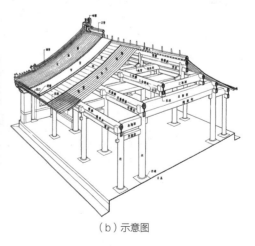

（d）剖面图

图1-2-1　罗马万神庙
（图片来源：网络）

（a）实景照片

（b）示意图

图1-2-2　中国木构架建筑的外墙
（图片来源：a：作者自摄；b：网络）

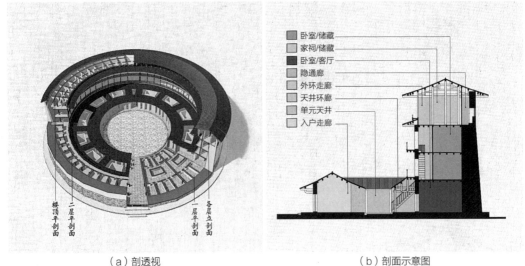

卧室/储藏
家祠/储藏
卧室/客厅
隐通廊
外环走廊
天井环廊
单元天井
入户走廊

楼顶平剖面　二层平剖面　各层立剖面　一层平剖面

（a）剖透视　　　　　　　　　　　（b）剖面示意图

图1-2-3　福建土楼
（图片来源：网络）

图1-2-4　河南登封嵩岳寺塔
（图片来源：网络）

图1-2-5　万里长城
（图片来源：网络）

构承重，不再是简单的内部空间与外部环境的分隔，而是具有了采光、通风、保温、隔热、隔声、防火等一系列的复合功能。例如1911年格罗皮乌斯设计的法古斯工厂（图1-2-6），其使用了大面积玻璃幕墙，转角窗清晰地显示了外墙已摆脱结构的束缚，是早期现代主义建筑的代表作。

20世纪初期，建筑迎来了现代主义时期，框架结构与玻璃幕墙在建筑外墙的应用最为广泛，建筑外墙与建筑结构呈现出逐渐脱离的发展趋势。这个时期建筑师主要关注的是建筑功能与空间，推崇功能决定形式的理念，现代

图1-2-6 法古斯工厂
（图片来源：网络）

主义的建筑师们摆脱了古典主义装饰风格的影响，然而建筑外墙设计单一，过于单调乏味，缺少艺术的处理与表达，被贬为"光秃秃的方盒子"，很快就遭到了人们的厌倦。随后建筑师在关注建筑功能的同时，也开始注重建筑外墙的设计，借助外墙的形式进行信息的传达，这是建筑发展到后现代主义的变化。此时建筑外墙中借鉴了大量的古典元素，结合地域文化，融入了体现时代精神与地域精神的设计理念，改变了现代主义千篇一律的建筑风格。例如菲利普·约翰逊设计的美国电话电报公司大楼，外墙采用了传统的石材饰面和带有古典主义意象的元素构图，在形式上与纽约市中心众多的"玻璃盒子"大楼截然不同（图1-2-7）。新时期建筑相关专业的发展、各种艺术的兴起、各种设计理念的百花齐放，为建筑外墙提供了众多灵活的表现形式，使建筑外墙成为建筑艺术的重要表现形式之一。建筑外墙脱离了建筑结构之后，构造形式和艺术形式得到双重解放，建筑外墙由原来的封闭、厚重变得日益轻盈、开放。

在经历了古典时期、工业革命、现代主义及后现代主义之后，建筑外墙在信息化的当代依然在经历着一次次巨大的变革。建筑师们利用数字信息可以便捷地创造出任意形态的建筑外墙，并赋予外墙各种材质，使外墙成为对话与交流的媒介，借此达成信息传达。数字化信息技术的发展使得建筑外墙更加多元化，使得建筑设计的发展更加灵活与自由。

纵观建筑外墙的发展过程，早期受建筑材料的影响，外墙主要是起到结构承重作用，形态较为坚固、封闭；摆脱材料与技术的束缚后，外墙不再只作为建筑结构，加上新材料的应用，外墙的形态变得轻盈、开放。虽然影响

图1-2-7　美国电话电报公司大楼
（图片来源：网络）

大楼外墙整体采用古典的三段式构图，建筑顶部的三角形山花、底部的拱券及柱廊都是从历史建筑中汲取的古典主义符号，通过比例与尺度的协调，展现了传统符号在高层建筑中的现代设计方法，与周围玻璃盒子式的大楼形成了鲜明的对比。

建筑的社会、文化、经济、技术等因素在不断地变化，但是建筑的首要任务依旧是提供舒适的庇护所，外墙用于分隔内外的围护功能始终不变。建筑外墙由厚、重、实向薄、轻、透发展，新材料、新技术对建筑外墙设计的创新提供了物质基础，设计的手法形式的多元、多样给建筑设计创作带来了更加广阔的前景。

1.3　建筑外墙的风格

风格与样式能够反映时代的特征，也能反应地域的特征。不同时代、不同地域的建筑风格，是对该时代、该地域的政治、哲学、文化的体现。在建筑的发展史上，各时代各地区的建筑风格多种多样，如古代的希腊风格、罗马风格，中世纪的哥特风格、近代的巴洛克风格、洛可可风格等，后来随着建筑技术的革命性进步，建筑外墙的风格更加绚丽多姿。

1.3.1 中国的建筑外墙风格

中国自古地域辽阔，民族众多，各地区的地质、地貌、气候、水文等条件差异较大，各民族的历史背景、文化传统、生活习惯也各不相同，因而形成了许多独特的建筑风格。南方少数民族利用"干阑"建筑来适应炎热潮湿的气候，北方游牧民族使用蒙古包来满足迁徙的生活方式，黄河中上游地区利用黄土断崖的特殊地质条件挖掘出窑洞，东北与西南地区利用森林资源建造由原木垒成外墙的"井干式"建筑。

在中国古代，木构架承重的建筑是使用面积最广、数量最多的一种建筑类型，其优势在于取材方便、适应性强、抗震性高、便于施工与修缮等。中国古代木构架建筑发展缓慢，延续性强。在漫长的发展过程中，木构架建筑始终完整地保持了该体系的独特风格。建筑由木架构承重，外墙不承重，只作为一种隔断物，"墙倒屋不塌"的说法由此而来。木构架建筑中，在前后檐下檐柱与檐柱之间的墙称为檐墙；两山下的墙称为山墙；廊下檐柱至金柱间的墙是廊墙；有窗的地方，由地面到窗槛下的矮墙称为槛墙（图1-3-1）。木构架建筑的外墙所使用的材料大多就地取材，应用最为广泛的是土墙与砖墙，南方地区另有木墙与编织夹泥墙，山石产区另有石墙。例如，福建客家民居土楼为了抵御外敌，外墙以当地黏质红土为主，加入木条、竹片等夯筑而成（图1-3-2），使得土墙犹如混凝土般的坚固。

除木构架建筑外，中国古代的砖石建筑也独具风格，主要形式是宗教建筑中的佛塔。宋代以后，佛塔由木结构慢慢发展为砖木混合结构和砖石结构，按照其形式可分为密檐塔、单层塔、喇嘛塔、金刚宝座塔、傣族佛塔几种。河南登封嵩岳寺塔是我国现存最早的密檐式砖塔，40米高的塔身外轮廓向上收分，密檐间距逐层向上缩短，配合收分使塔身显得稳重而秀丽（图1-3-4）。

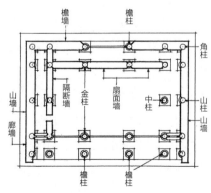

图1-3-1 墙柱位别图
（图片来源：《清式营造则例》）

图1-3-2 福建土楼外墙
（图片来源：网络）

中国的近现代时期是从1840年鸦片战争中国进入半封建半殖民地社会开始，中国建筑开始突破封闭状态，被动输入了大量西方近现代建筑。19世纪90年代中国多处城市被西方列强侵占为租界，西方建筑师在租界内设计建设领事馆、洋行、银行、仓库、工厂、教堂、火车站等建筑，形成城市的新城区，这些建筑多采用欧洲古典风格。到20世纪30年代，租界在此期间迅速发展，兴建了大量的高层建筑与私人洋房。此时中国建筑师也开始成长，早期赴欧美与日本留学的建筑师回国后创建建筑师事务所，培养中国的建筑师队伍，探索西方建筑与中国建筑的结合方法。近代中国的建筑形式与风格既有欧洲古典风格的"洋"建筑，又有中国传统建筑的延续，还有现代主义建筑的探索。中国近现代建筑创作的时代风格，可以从下面三个方面的设计倾向作分析、探讨和梳理。

1. 传承型

建筑风格是以传统法式形制为蓝本的较全面表达的古代样式，以各式屋顶为主要"标志"，通常称"大屋顶"建筑，20世纪之后经历了三个年代的起伏，30年代主张"中学为体、西学为用""保存国粹"，50年代以苏联引导的"社会主义内容、民族形式"为主，80年代以"夺回古都风貌"为口号，但最终以建筑功能严重缺陷、造价昂贵、施工繁复而偃旗息鼓。

19世纪末至20世纪20年代，西方传教士为了迎合中国人心理，兴建了一批中国传统风格的教堂及教会学校，如南京的金陵大学、北京协和医学院、北京辅仁大学等（图1-3-3～图1-3-5）。建筑立面使用"三段式"划分，装饰与细部处理采用传统形式，但却无法合理地解决传统形式与现代材料、功能的矛盾。中国建筑师对于传统建筑风格的复兴起源于1925年南京中山陵设计，建筑师吕彦直在规划中借鉴了中国古代陵墓以少量建筑控制大片陵区的布局原则，简化传统陵墓的组成要素，建筑设计采用清式形式并加以简化，用纯净的色调和简明的装饰使建筑呈现出传统风格（图1-3-6）。继南京中山陵之后，广州中山纪念堂、重庆人民大会堂、南京博物院等设计都呈现出了中国传统建筑风格（图1-3-7～图1-3-9）。如重庆人民大礼堂由张嘉德等人设计，其古典式的方案是清式建筑做法的大汇总，建筑的重檐宝顶占据地势的制高点，加上强烈的色彩，彰显出雄伟的气派。

以大屋顶为标志的传承型，大多使用砖承重或砌体填充的钢筋混凝土结构体系，因其高昂的造价、施工的繁复而逐渐退出建筑的历史舞台，但传承与创新仍是我国建筑创作的理论与实践不断探索的课题。

图1-3-3 南京金陵大学（1917-1919）
（图片来源：网络）

图1-3-4 北京协和医学院（1915）
（图片来源：网络）

图1-3-5 北京辅仁大学（1925-1930）
（图片来源：网络）

图1-3-6 南京中山陵（1926-1929）
（图片来源：网络）

图1-3-7 广州中山纪念堂（1929-1931）
（图片来源：网络）

图1-3-8 重庆人民大礼堂（1951-1954）
（图片来源：网络）

图1-3-9 南京博物院
（图片来源：网络）

2. 探索型

当我国建设高潮来临之际，建筑创作、建筑教育、科研等方面都开始了探索之路。在立足于现代主义建筑的基本观点上，在满足功能、结构、经济等主要条件下，在发掘"有形与无形""解构与重组"等过程中，吸取其内在的精神，采撷传统建筑中地域性、民族性、文化性的符号、装饰、细部以及社会的、审美的、意境的因素，"旧的符号、新的组合"使建筑样式"推陈出新"，使建筑创作在探索民族化、多元化的方向得到新的启示与方向。

20世纪30年代现代主义建筑思潮传入中国，"大屋顶"式的做法和繁琐的装饰被摒弃，通过简化的构件隐喻传统形式，使用少量的图案或符号纹样装饰建筑外墙，我国近代建筑师进行了较有成效的探索，如外交部办公楼、上海中国银行、南京国民大会堂、上海江湾体育场等（图1-3-10～图1-3-13）。华盖建筑事务所设计的外交部大楼，秉承经济适用的原则，建筑以功能为主，改用平屋顶的形式，外墙贴褐色面砖，入口突出门廊，在檐部使用简化的斗栱进行装饰，顶层的窗间墙以及门廊柱头进行纹样和雕塑的装饰。17层高的上海中国银行外墙采用花岗石，窗格点缀纹样，与建筑顶部四角攒尖屋顶下的斗栱一起散发出淡淡的中国韵味。

图1-3-10 外交部办公楼（1934）
（图片来源：网络）

图1-3-12 南京国民大会堂（1936）
（图片来源：网络）

图1-3-11 上海中国银行（1937）
（图片来源：网络）

图1-3-13 上海江湾体育馆（1934）
（图片来源：网络）

1959年中华人民共和国成立十周年之际，在北京兴建的国家级办公、文体、交通等一系列大型建筑都是对中国传统风格的探索与创新，包括了人民大会堂、中国革命军事博物馆、北京民族文化宫（图1-3-14～图1-3-16）。北京人民大会堂使用高大柱廊呼应广场的大尺度，覆莲形琉璃件隐喻斗栱，金黄色琉璃檐口呼应天安门大屋顶，使建筑与场地和环境融合在一起。民族文化宫13层的主楼采用钢筋混凝土的结构，主体高层建筑上部收缩，四个角部设重檐顶小塔，顶部设重檐攒尖顶，是中国传统文化符号在高层建筑中的首个案例。中华人民共和国成立初期的十大工程推动了传统建筑的创新探索，套用"大屋顶"或成套的装饰手法转变为简化的符号或隐喻手法等。

图1-3-14　人民大会堂（1958）
（图片来源：网络）

图1-3-15　中国革命军事博物馆（1959）
（图片来源：网络）

图1-3-16　北京民族文化宫（1959）
（图片来源：网络）

探索型重视功能布局，合理设计安排内部空间及流线，运用传统符号，采用新结构、新技术，细致推敲建筑的构图与美学，成为20世纪我国在建筑理论与实践结合重要的探索阶段。

3．现代型

19世纪下半叶，列强侵入了中国的大门，欧洲兴起的新建筑运动进入了哈尔滨、青岛、广州、上海沿海地区等租界，一批国外建筑师将新艺术运动风格使用在各类型建筑中，建筑简洁的造型主要以功能为主，摒弃了西方古典柱式。例如上海国际饭店，建筑形体简洁，顶部收分成阶梯状，外墙用横竖线条和几何图案装饰（图1-3-17）。

随着现代主义思潮在中国建筑界的广泛传播，越来越多的中国建筑师热衷于"现代式"建筑创作。我国早期赴欧美留学回国的第一代建筑师，受到西方现代主义建筑教育与创作的思潮影响，在中华人民共和国成立初期创作了一批国际流行的现代风格建筑，杨廷宝先生设计的北京和平宾馆，在经济条件限制下，建筑外墙使用砖体朴素的原色，但在比例上进行推敲，建筑外形舒展端庄（图1-3-18）。由莫伯治等人设计的广州白云宾馆是我国第一座超高层建筑，114米高的建筑采用钢筋混凝土剪力墙结构，外墙利用檐口与横向长窗组成横向线条，竖板与山墙组成竖向线条，两者主次有序搭配成合适的比例，建筑风格简洁稳重（图1-3-19）。

图1-3-17　上海国际饭店
（图片来源：网络）

图1-3-18　北京和平宾馆（1953）
（图片来源：网络）

图1-3-19　广州白云宾馆（1968）
（图片来源：网络）

图1-3-20　北京香山饭店（1979）
（图片来源：网络）

改革开放后，大批国外建筑师加入到我国建筑创作领域，他们将新的创作手法、新技术、新材料、新的建筑形态，同时结合我国的地理、气候、文化等因素，创作了一大批优秀的建筑作品。有的以其不同风格、不同审美引发了建筑界的评价与讨论。贝聿铭设计的香山饭店融合了江南文化与现代主义，外墙采用中国传统的灰白两色，用简化的传统符号象征古典园林的窗，典雅的建筑与香山的自然环境融为一体（图1-3-20）。SOM建筑设计事务所设计的上海金茂大厦运用密檐塔的塔身的收分、重檐，结合钢结构的构造，用现代结构与材料表达了中国文化的典雅气质（图1-3-21）。北京2008年奥运会主场馆、游泳馆以及中央电视台大楼等以新颖的姿态融入我国首都城市风貌中（图1-3-22～图1-3-24），我国各个城市的建设发展中都有国外建筑师的身影，例如扎哈·哈迪德在北京、上海、广州、南京等地都有项目落成（图1-3-25～图1-3-28）。

中国现代建筑在学习、吸纳、融汇西方现代"功能主义""折中主义""后现代主义"等多种理论与流派后，建筑的现代要素——功能、技术、空间、造型、环境，结合现实主义的创作道路成为建筑创作的主流。改革开放至今，一批又一批新时代、新创意、新标志、新创作的优秀作品的出现，体现出我国的建筑"百花园"流派纷呈、绚丽多彩。

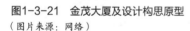

（a）上海金茂大厦（1979）SOM建筑设计事务所　　　　　　　　　（b）中国古代密檐塔

图1-3-21　金茂大厦及设计构思原型

（图片来源：网络）

上海金茂大厦外墙的设计灵感来源于中国古代密檐式宝塔，由地面至塔顶逐层收分，同时还借鉴了中国传统佛教文化元素，外墙造型分为13阶，象征佛塔的最高境界。

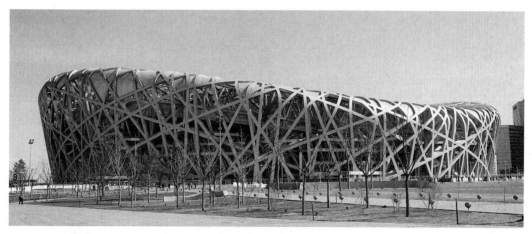

图1-3-22　国家体育馆——鸟巢

（图片来源：网络）

图1-3-23　国家体育馆——水立方
（图片来源：网络）

图1-3-24　中央电视台大楼
（图片来源：网络）

图1-3-25　北京银河SOHO
（图片来源：网络）

图1-3-26　上海凌空SOHO
（图片来源：网络）

图1-3-27　广州歌剧院
（图片来源：网络）

图1-3-28　南京国际青年文化中心

（图片来源：网络）

中国近现代建筑的结构形式，从传统的木构架结构，结合西方的砖石结构，最先转变为砖木混合结构，即砖石承重墙、木梁楼板和木屋架结构组成的混合结构。这种结构形式从19世纪中期开始，广泛使用在中小型建筑中。20世纪初期，随着西方新技术的推广，中国出现了砖石与钢筋混凝土的混合结构，随后，1908年建成的上海电话公司大楼首次采用了钢筋混凝土结构，钢结构与钢筋混凝土结构开始在我国推广开来。中国近现代建筑大多采用钢筋混凝土框架结构，墙体填充砌块，设计遵循传统的构图原理，注重比例、尺度以及细部处理，形成了多样的风格。

1.3.2　西方的建筑外墙风格

古代的西方建筑是以石结构为主的建筑，起源于古希腊，以意大利为中心遍及整个欧洲地区，在长期的发展过程中风格屡迁、新潮迭起，主要有古埃及、古希腊、古罗马、拜占庭与俄罗斯、罗马风与哥特式、文艺复兴、巴洛克、古典主义等风格。

维特鲁威提出的最早的建筑是先树立起叉状柱杆，再将小树枝搭在其间，然后在墙上涂抹泥浆，这种抹灰外墙被认为是西方建筑外墙的起源。古埃及时期，尼罗河两岸的人们利用泥块制作成砖，使用条形黏土砖砌筑建筑，并且在外墙上贴上石材饰面。古埃及时期的吉塞金字塔使用了250多万块石材，外墙以花岗岩石及石灰石饰面，虽然如今大部分的饰面已消失不见，但是金字塔尖残存的白色饰面层显示着它当初外墙的精美（图1-3-29）。古埃及时期的建筑外墙基本由砖石砌筑，起结构承重作用，外墙外部装饰饰面层用以掩盖结构墙体。

古希腊的建筑由表面平整的石材砌筑而成，外墙呈现出大块大块的巨石效果，并且雕刻有精美的纹理和雕塑。优质的材料和雕刻技术，使得古希腊建筑的外墙没有粉刷或饰面层。希腊帕提农神庙的大理石外墙给人庄重的神圣感，同时精美的细部体现了高贵典雅的气质（图1-3-30）。

古罗马人将石灰和火山灰混合得到天然水泥，继而又发明了混凝土，这种材料及其相关技术，使得古罗马时期的建筑外墙得到前所未有的发展，古罗马重要的公共建筑几乎都是混凝土砌筑，外墙外挂石材进行装饰。万神庙的混凝土墙体是在永久性的砖砌模板中浇筑而成，墙体厚度6.2米，配合墙内的发券共同承托直径达43.3米的穹顶，外墙饰面分为三层，下层贴白色大理石，上面两层抹灰（图1-2-1）。以古希腊与古罗马为代表，称之为石柱式的柱廊建筑达到了该时期建筑艺术的巅峰。

拜占庭式建筑的穹顶技术使得集中形制的建筑得到了较大的发展进步，在4个柱墩上沿方形平面的4个边发券，在4个券之间砌筑以方形平面对角线为直径的穹顶，这种穹顶的结构方式把建筑荷载集中到平面上4个角的柱子上，不再需要连续的承重墙，因此外墙的处理变得更加灵活自由。拜占庭式建筑最具代表性的是圣索菲亚大教堂，大教堂的墙和穹顶都是砖砌的，外墙粉刷灰浆，用红白横条纹装饰，简单的处理与内部绚烂的色彩形成鲜明的对比。

图1-3-29 吉萨金字塔
（图片来源：网络）

图1-3-30 帕提农神庙
（图片来源：网络）

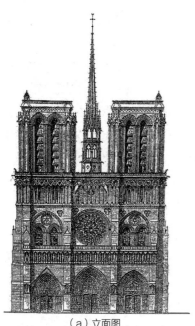
（a）立面图

（b）剖面图

图1-3-31　巴黎圣母院
（图片来源：网络）

飞扶壁支撑拱的推力。

　　哥特式教堂建筑的结构使用两心圆的尖券和尖拱，骨架券和飞券的结合，这种结构非常接近于框架结构，外墙的处理也自由灵活（图1-3-31）。哥特式教堂的西向外墙的构图为竖向三段，一对塔夹着中厅的山墙，山墙檐头上的栏杆、大门洞上横向排列的雕像龛，将竖向三段连接起来。外墙中间是圆形的玫瑰窗，象征圣母的纯洁，三个门洞都有多层线脚，大门及周围布满了雕塑。哥特式建筑的外墙是五彩斑斓的，巴黎圣母院的西立面上的雕塑原本是以金色为底，涂着各种鲜艳的颜色。

　　文艺复兴时期，建筑外墙设计效仿古罗马的外墙抹灰或石材饰面，外墙的装饰完全不考虑建筑结构逻辑，而是只为了追求形式，外墙的设计中堆砌壁龛、雕塑、壁柱、线脚等，外墙追求对称、比例、均衡等古典美。阿尔伯蒂设计的佛罗伦萨罗赛莱宫，外墙的处理和建筑结构之间没有任何关系，外墙被当作是空白的画布，在其上使用各种绘画和雕塑来进行装饰。外墙上的古典柱式、柱廊、拱券都不是建筑真实的结构，而是雕刻出来的装饰物。

　　在西方，建筑外墙由于砖石材料和砌筑结构的限制，发展得比较缓慢，直到工业革命时期，新材料、新技术的发展给外墙带来了巨大的革新，也不断刷新人们的审美观。现代建筑起源于欧洲，后传到美洲，现在已经普及到全球，对中国的建筑发展也有很大的影响。1851年的水晶宫以玻璃和钢铁为

图1-3-32 伦敦"水晶宫"（1851）
（图片来源：网络）

外墙的材料，利用预制装配式的施工方法建造而成，它首创了一种工业化的外墙效果，与手工艺时代的外墙完全不同（图1-3-32）。这是建筑外墙的重大变革，外墙从承重功能中解放出来，变得越来越轻盈，越来越透明开放。现代主义建筑反对繁琐的装饰，提倡功能主义，美国建筑师路易斯·沙利文提出"形式追随功能"的主张，从根本上颠覆了传统的形式美设计法则。芝加哥学派的建筑师积极采用混凝土、钢铁和玻璃等材料建造高层建筑的方案，将电梯、空调等设备与建筑相结合，认真研究和解决高层建筑的功能问题，但是建筑的外墙还局限于框架结构之内。1911年法古斯工厂的外墙设计中首次出现了转角悬挂幕墙的手法，并取消了角柱，外墙与结构相分离，随后玻璃幕墙如雨后春笋般在各地涌现（图1-2-6）。西格拉姆大厦的玻璃幕墙强调垂直方向的连续性，采用金属裙板和玻璃组成幕墙，用垂直的金属窗格作为分割，幕墙直上直下，外墙与建筑结构的分离更加明显（图1-3-33）。利华大厦首次采用全玻璃幕墙系统，整体连续的玻璃幕墙纯净精致，外墙不设开窗，保证外墙极简主义的风格（图1-3-34）。这种框架结构和玻璃幕墙组合的外墙形式，传达出高技术、高效率的形象，国际主义风格很快就风靡开来。

随着新技术与新材料的不断发展，高层建筑的高度不断攀升，381米的纽约帝国州大厦、412米的纽约世界贸易中心、442米的芝加哥希尔斯大厦等相继刷新了全球建筑的最高纪录。同时，全球各地相继出现了大跨度建筑，从早期的展览馆建筑，到后来的体育馆、航空港，大跨度建筑取得了突飞猛进的发展。由于采用了不同的结构形式，大跨度建筑呈现出众多优美的建筑形态，例如意大利都灵展览馆、罗马小体育宫、美国杜勒斯国际机场候机楼、日本代代木国立综合体育馆。

20世纪60年代国际主义风格达到高潮，建筑趋于千篇一律。美国建筑师罗伯特·文丘里在《建筑的复杂性与矛盾性》中质疑现代主义建筑缺乏传统建筑的精密与复杂性，缺乏对于过去文化传统的传承，没有呼应所在场地。"建筑要满足维特鲁威所提出的实用、坚固、美观三大要素，就必然是复杂和矛盾的"，他认为现代主义建筑把功能简化，"复杂的建筑并不否认有效

图1-3-33　西格拉姆大厦（1954）
（图片来源：网络）

图1-3-34　利华大厦（1951）
（图片来源：网络）

玻璃幕墙的外墙与各层楼板不连接，建筑外墙
与结构分离。

的简化，有效的简化是分析事物的一部分，甚至是形成复杂建筑的一种方法。"文丘里设计的母亲住宅将装饰作为外立面的象征元素和构图元素，与现代主义建筑主张的"装饰就是罪恶"形成对立（图1-3-35）。他认为古典建筑中复杂而丰富的构件既是建筑结构又是装饰，

图1-3-35　母亲住宅（1962）
（图片来源：网络）

满足外墙的形式，丰富建筑的表达力。后现代主义的建筑师们借用古典建筑的元素，利用现代的科技与材料，使旧的传统重新焕发新的光彩。美国纽约电话电报公司大楼被认为是第一座后现代主义的摩天大楼，外墙采用三角形山花、拱券和石材等历史建筑符号，使用基座、墙身和山花的三段式构图，体现了西方传统建筑的文脉精神，与曼哈顿中心区众多的玻璃幕墙大楼形成了鲜明的对比（图1-2-7）。

20世纪80年代，一批建筑师们受到法国哲学家雅克·德里达的结构主义哲学的影响与启发，西方建筑舞台上出现了解构主义建筑。解构一词有消解、颠覆固有原则之后重新构筑之意，解构主义建筑师通过消解、破裂等手法打破建筑逻辑并重构有戏剧性的空间与形式。弗兰克·盖里利用复杂的曲面体块组合创造了毕尔巴鄂古根海姆博物馆独特的动态造型，外墙的钛金属饰面闪闪发光，使整个建筑看起来像一座精美的金属雕像，消解了建筑外墙，创造了全新的建筑形态（图1-3-36）。柏林犹太人博物馆的外墙采用解构主义设计手法，使建筑的每个部分都破裂而不完整，扭曲的墙面、创伤式的条形窗、倾斜的建筑构建使建筑外墙呈现出一种沧桑、压抑的残缺感，唤醒人们心灵深处的情感（图1-3-37）。西雅图公共图书馆的设计从形式和内容上全面颠覆了传统图书馆的模式，重新界定了新时代图书馆的概念，五个功能集群对应的水平板块位置面积各不相同，形成了空间的交融，创造了折板多变的新奇形态（图1-3-38）。阿塞拜疆共和国阿利耶夫文化中心作为国家文化事业的代表性建筑，以连续开放的姿态，表达了整个国家对未来的乐观态度（图1-3-39）。

　　随着社会经济不断地发展，物质产品种类越来越丰富，人们对建筑的多样性提出了更高的要求。在建筑领域，各类标新立异的"主义"逐渐隐退，流派慢慢淡化，建筑师们更加注重追求建筑的本质意义，建筑艺术的个性化发展成了当代西方建筑发展的主要特征。

图1-3-36　毕尔巴鄂古根海姆博物馆（1991）
（图片来源：网络）

图1-3-37　柏林犹太
人博物馆（1999）
（图片来源：网络）

图1-3-38　西雅图公
共图书馆（2004）
（图片来源：网络）

图1-3-39　阿塞拜疆
共和国阿利耶夫文化中
心（2013）
（图片来源：网络）

2

建筑外墙与结构

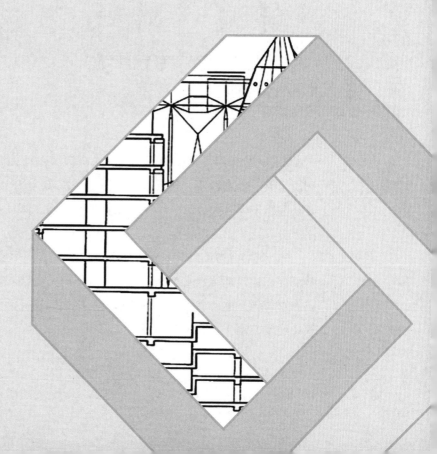

建筑结构是指由各种建筑材料及构件砌筑的支撑建筑竖向的受力体系，起到承受建筑各类荷载的骨架支撑作用。外墙的维护、承重、支撑、形式都依赖于建筑结构体系，随着技术与材料的发展，外墙和结构的关系既可相互联系，又可相互分离，亦可合二为一。建筑结构因所用的建筑材料不同、受力方式不同分为各类不同的结构形式，目前常用的建筑结构形式主要有砌体结构、框架结构、框架剪力墙结构、剪力墙结构、框筒结构以及网架结构等。

　　1. 砌体结构，是指用砖块体、各种混凝土砌块块体及天然石材等块材用砂浆砌筑而成的结构。砌体结构自重大、抗拉强度低，很少单独用来整体承重，常用砖墙与钢筋混凝土楼板、屋盖组成砖混结构。这种结构的建筑施工方便，造价低，多用于多层民用建筑（图2-0-1）。

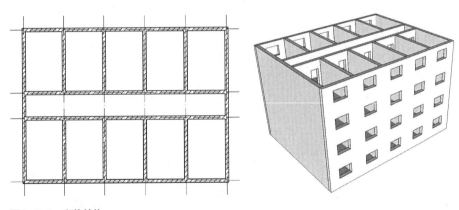

图2-0-1　砌体结构
（图片来源：作者自绘）

　　2. 框架结构，是由钢筋、混凝土浇筑或钢材构成的，柱、横梁以及基础所组成的承重骨架，若干榀框架通过连系梁组成框架结构。框架结构的优点是建筑平面布置灵活，可以形成较大的空间，满足各类功能需求，因此应用十分广泛（图2-0-2）。

　　3. 框架剪力墙结构，是在框架结构内增设一些抗侧刚度很大的墙体，从而提高建筑抵抗水平剪力的性能。虽然剪力墙会限制平面的灵活性，但只要布置得当，框架剪力墙结构依然具有平面布置灵活的优点，因此在高层建筑中经常使用（图2-0-3）。

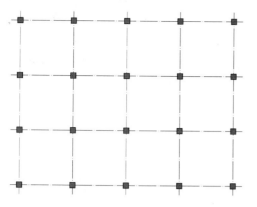

图2-0-2　框架结构
（图片来源：作者自绘）

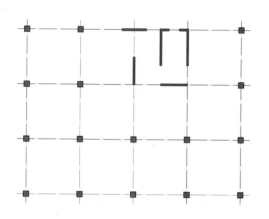

图2-0-3　框架剪力墙结构
（图片来源：作者自绘）

4. 剪力墙结构，是利用不同方向布置的钢筋混凝土墙体作为承重骨架的一种结构体系，利用剪力墙承受竖向及水平向荷载。剪力墙结构受到墙体限制，平面布置很不灵活，一般用于高层住宅、公寓或旅馆建筑中（图2-0-4）。

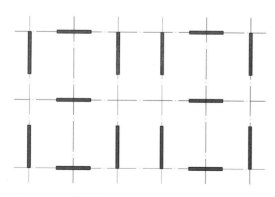
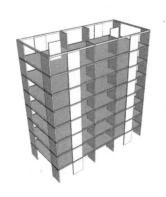

图2-0-4　剪力墙结构
（图片来源：作者自绘）

5. 框筒结构，是框架结构与筒体结构的结合。筒体结构是将剪力墙或密柱深梁式的框架集中到房屋的内部和外围而形成的空间封闭式的筒体。框筒结构中的内筒一般由电梯间、楼梯间、管道井等组成，外部是框架结构，剪力墙的集中布置使建筑形成较大的空间，布置灵活，多适用于功能复合的超高层建筑（图2-0-5）。

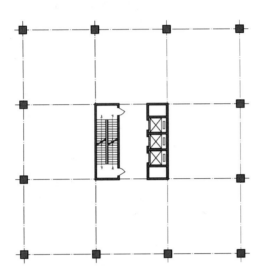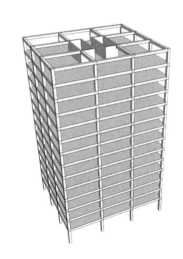

图2-0-5　框筒结构
（图片来源：作者自绘）

由于建筑的不同功能、类型、层数及所处不同地区等，需要采用不同的结构体系，对建筑外墙的影响及制约也不相同。多层和高层建筑常采用框架、剪力墙及混合结构等，大跨度建筑常采用桁架、壳体、网架、悬索结构等。建筑外墙的形式与建筑结构的关系密切相关，根据外墙与结构的相互关系，目前常采用的结构形式有砌体结构、框架结构、幕墙结构、网架结构。除此之外，新技术、新材料的发展，以及新的结构方案为外墙造型创新提供了更广阔的前景。

2.1　砌体结构

砌体结构的建筑外墙具有承重和围护双重作用，比如爱斯基摩人用雪块砌成的圆顶小屋，传统的砖石砌筑建筑等。我国砌体结构的应用历史悠久，战国时期已经开始生产黏土砖，由砖建造的万里长城已有两千多年的历史，我国现存年代最久的密檐式砖塔河南登封的嵩岳寺塔高39.5米，西安大雁塔高66米（图2-1-1）。千百年来，大量普通黏土砖的烧制不仅影响农业生产，而且污染大气，破坏生态环境，因此现今国家明令推广新型环保节能材料，如蒸压粉煤灰砌块、混凝土小型空心砌块等。

砌体结构的外墙本身由于承担了竖向荷载，开窗的大小及位置受到了严格的制约（图2-1-2），除传统的黏土砖外，各类砖砌体通过精巧的砌筑技术、装修材料、构图方法，创造出丰富的建筑立面造型（图2-1-3、图2-1-4）。

图2-1-1　西安大雁塔

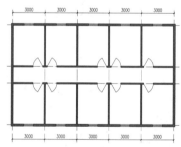

图2-1-2　砌体结构平面及立面示意图
（图片来源：作者自绘）

（a）一顺一丁式　　（b）梅花丁式　　（c）三顺一丁式　　（d）全顺式　　（e）两平一侧式

图2-1-3　传统实砌墙的做法
（图片来源：网络）

砖砌墙可分为清水墙、混水墙，前者保留砖的本色，仅作水泥砂浆勾缝处理，后者是在墙体外，加以水泥砂浆粉面，或加贴面砖、改挂石材等处理，通过不同色彩、不同大小的搭配砌筑达到设计预期的效果（图2-1-5）。

图2-1-4 砖砌外墙建筑实例
（图片来源：网络）

砌筑时，通过变换每一块砖的位置与方向，外墙形成千变万化的肌理与图案。

图2-1-5 麻省理工学院贝克公寓学生宿舍

（图片来源：网络）

建筑外墙主体采用红棕杂色砖材贴面，底部采用浅灰色砖材贴面，建筑整体材质统一，细部又有变化。

2.2 框架结构

　　框架结构形式的外墙一般是填充于结构体系之间的墙体，由于受到结构柱、梁与楼板的限制，整体性差，外墙被分割成一个个单元，外墙的连续性不佳，墙面上的开窗、洞的大小也受到限制。框架结构中的柱与梁板将外墙分为一个个单元或网格，根据柱、梁板及墙面三者不同的位置关系组合，能够构成以下六种形式的立面样式（图2-2-1）。

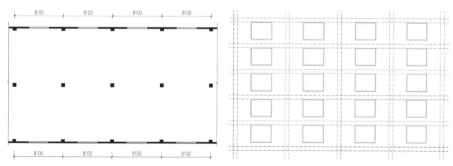

（a）外墙与柱外平的平面及立面示意图

建筑外墙整体在一个垂直面上，结构柱、梁隐藏在外墙之中，立面形式是排列组合的门窗构件。

图2-2-1 框架结构平面及立面示意图

（图片来源：作者自绘）

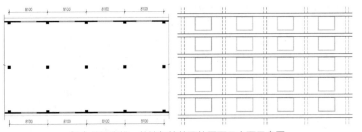

楼板与梁板出挑于外墙，立面构图形式强调横向的线条。

（b）楼板出挑、外墙与柱外平的平面及立面示意图

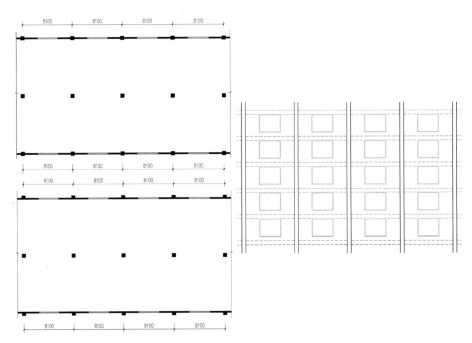

（c）外墙在柱中/外墙与柱内平的平面及立面示意图

结构柱突出于外墙，立面构图形式强调竖向的线条。

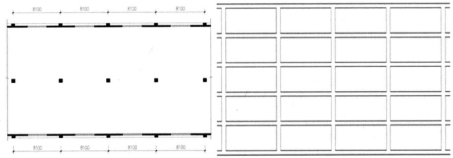

（d）外墙在柱中/外墙与柱内平、梁板与柱外平的平面及立面示意图

结构柱与梁板均突出于外墙，立面形成纵横交错的网格。

图2-2-1 框架结构平面及立面示意图（续）
（图片来源：作者自绘）

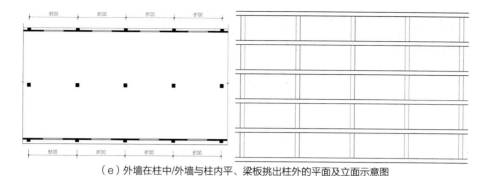

（e）外墙在柱中/外墙与柱内平、梁板挑出柱外的平面及立面示意图

梁板与结构柱前后突出于外墙，立面网格以横向为主，竖向为辅。

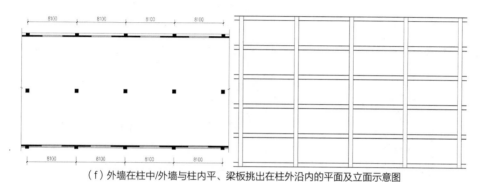

（f）外墙在柱中/外墙与柱内平、梁板挑出在柱外沿内的平面及立面示意图

结构柱与梁板前后突出于外墙，立面网格以竖向为主，横向为辅。

图2-2-1　框架结构平面及立面示意图（续）
（图片来源：作者自绘）

　　框架结构建筑的外墙开窗呈现规则的重复排列时，会使人感觉单调呆板，设计时可以利用各种方法打破建筑外墙单一复制的形式。例如利用栏杆、遮阳设施、阳台等构件对外墙的构成进行有规律或随机的图案布局，利用不同的材料增加多元性，利用变化的进深丰富外墙的层次等（图2-2-2～图2-2-5）。为取得立面不同横竖分割线条的造型，可通过附加构件，借助线条的粗、细、宽、窄、直、曲、弧，排列出不同构图的视觉效果，使框架结构的建筑外墙呈现出各种各样的形式。

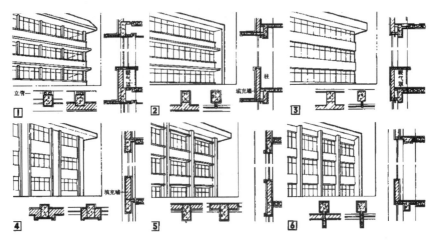

图2-2-2　框架结构填充外墙示意图

（图片来源：《建筑设计资料集》）

图2-2-3　框架结构外墙开窗案例1

（图片来源：网络）

框架结构的外立面可以利用挑出的楼板、加强装饰的窗间墙来强调横向的线条，使得外立面形象看起来平稳、安定。

图2-2-4　框架结构外墙开窗案例2
（图片来源：网络）

框架结构的外墙根据其结构的构造特点，利用横向的梁和楼板，与竖向的柱子交织形成方格网状的图案。

图2-2-5　框架结构外墙开窗案例3
（图片来源：网络）

在框架结构体系中，利用装饰线、遮阳设施等与结构形式相结合，形成主次分明的纵横体系，有的以横向构图为主，有的以竖向构图为主。

2.3 幕墙结构

　　幕墙结构的外墙指的是通过附属结构与主体结构相连接的墙体，能够将主体结构包裹起来，因此外墙具有较高的自由度，连续性与整体性都比较高，表达更加纯粹与纯净的建筑体量。幕墙结构的建筑外墙一般可独自承重，通过连接件与主体结构连接，因此幕墙的形式可以与主体支撑结构相一致，也可以灵活变化（图2-3-1、图2-3-2）。利华大厦是世界上第一座玻璃幕墙高层建筑，由竖向金属框分隔的玻璃幕墙通过不锈钢构件连接在主体结构之上，通透的外墙面使得玻璃幕墙与结构之间的关系一目了然。

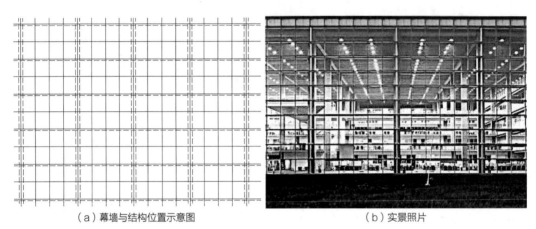

（a）幕墙与结构位置示意图　　　　　　　　（b）实景照片

图2-3-1　幕墙的构件组合与支撑结构相一致
（图片来源：a：作者自绘；b：网络）

（a）幕墙与结构位置示意图 　　　　　　　　（b）实景照片

图2-3-2　幕墙的构件组合与支撑结构不一致
（图片来源：a：作者自绘；b：网络）

幕墙结构建筑最常见的材料为玻璃幕墙（图2-3-3），另外也有金属、石材、木材、塑料、合成材料等其他材料的幕墙（图2-3-4～图2-3-7），详见第3章。建筑外墙的幕墙系统可由多层材料构成，例如双层玻璃幕墙、玻璃幕墙与金属幕墙结合的双层幕墙等，这种建筑外立面由连续统一的幕墙包裹起来，整体性强（图2-3-8）。

图2-3-3　玻璃幕墙建筑实例
（图片来源：网络）

图2-3-4　金属幕墙建筑实例
（图片来源：网络）

图2-3-5　聚碳酸酯幕墙建筑案例
（图片来源：网络）

图2-3-6　石材幕墙建筑案例
（图片来源：《*Façade Construction Manual 1*》by Herzog Krippner Lang）

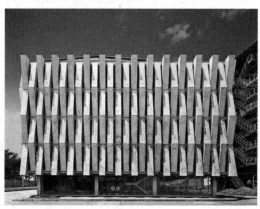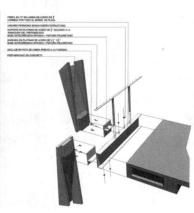

图2-3-7　水泥幕墙建筑案例
（图片来源：网络）

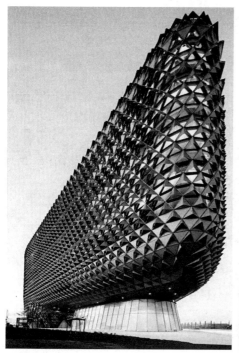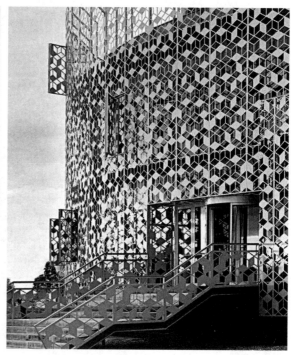

图2-3-8 双层幕墙建筑案例
（图片来源：网络）

2.4 网架结构

网架结构是由多根杆件按照一定的网格形式通过节点联结而成的空间结构，大多采用钢结构，应用于大跨度建筑的屋面。由于钢材料的物理特性可以被加工成不同的形态，如圆球形、拱券形、三角锥体等，使得钢与玻璃的结合更加灵活多样，国家大剧院的外围护结构采用半椭球形钢结构，东西长212米，南北长143米，高46米，表面有1800多块钛金属板和超白玻璃组成，两种材质拼接出两条独特的曲线，犹如展开的舞台帷幕（图2-4-1）。网架结构屋盖的建筑外墙显得无拘无束，为解构主义建筑师的创作奠定了结构基础，例如盖里破碎式的创作、扎哈柔动式的作品（图2-4-2），这些独具个性的建筑，似乎彻底摆脱了传统的对称、变化、比例、尺度、韵律、节奏等传统古典的美学法则，建立了全新的形式美。

图2-4-1　国家大剧院
（图片来源：网络）

图2-4-2　长沙梅溪湖国际文化艺术中心
（图片来源：网络）

2.5 其他结构

除了常见的砌体结构、框架结构及幕墙结构外，还有其他不同的建筑结构。由于建造逻辑不同，建筑外墙的形式也千变万化。例如有些建筑是由结构组成的，外墙既是结构，也是围护，比如爱斯基摩人用雪块砌成的圆顶小屋，传统的砖石砌筑建筑等。柯布西耶常选用混凝土墙面，在粗糙质感的混凝土墙面上保留模板的痕迹，墙体本身即是竖向承重结构。日本建筑师安藤忠雄选用清水混凝土墙面也是如此（图2-5-1、图2-5-2）。这些将外墙与结构结为一体的设计思路都是通过结构墙体本身的材料作为设计的表达，形成了一种结构与建筑相融合的整体视觉效果。此外还有借助于钢材独特的材料属性，出现了打破常规结构横平竖直的支撑体系，例如V字形、异形网络、斜杆支撑等多种多样的结构体系，使得建筑的形态更加灵活丰富，建筑内部空间变化多端（图2-5-3）。北京国家体育场"鸟巢"的外墙是由钢结构围合而成的半开敞网状立面，交错的钢结构外墙支撑自身的荷载，同时形成一种特殊的通透立面（图1-3-22）。

图2-5-1 马赛公寓
（图片来源：网络）

图2-5-2 4×4住宅
（图片来源：网络）

（a）建筑外观　　　　　　　　　　（b）建筑入口

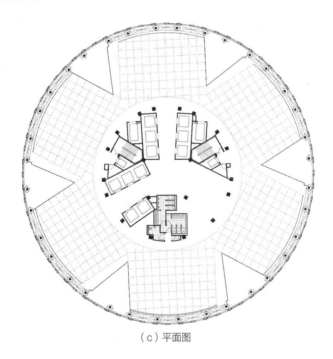

（c）平面图

图2-5-3　伦敦瑞士再保险总部大厦
（图片来源：网络）

大厦的外围护结构是斜向的钢结构螺旋向上交织而成的承重体系，玻璃幕墙由5500块三角形和菱形的玻璃按照结构逻辑安装，建筑内部独特的三角形采光井也是按照结构逻辑螺旋上升。

　　瑞士苏黎世的洛伊申巴赫学校，建筑结构采用V字桁架，建筑内部呈现出无柱的大空间，建筑外墙呈现出结构本身的V形，形成连续的韵律感（图2-5-4）。

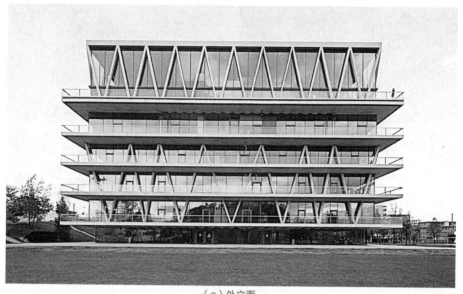

（a）外立面

（b）内部

图2-5-4　洛伊申巴赫学校
（图片来源：网络）

　　限研吾设计的SunnyHills菠萝蛋糕店，整个建筑依据日本传统木结构建筑的"JIGOKU-GUM"的节点系统建造而成，同样其设计的GC PROSTHO博物馆研究中心，利用传统的"CIDORI"建造而成，建筑外墙由木构件交错的网格构成，形成了独特的外墙形式（图2-5-5、图2-5-6）。

图2-5-5　SunnyHills菠萝蛋糕店
（图片来源：网络）

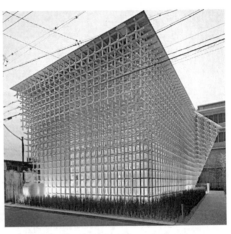

图2-5-6　GC PROSTHO博物馆研究中心
（图片来源：网络）

　　伊东丰雄设计的伦敦肯辛顿公园的蛇形画廊凉亭没有柱子，结构为钢片组成的框架，不规则的钢片是按照将正方形一边回转一边扩大的演算法形成的螺旋网状体系，透明与实体的交错使建筑构成感十足，建筑外墙中穿插的斜线网络展现了建筑的活力动感（图2-5-7）。

（a）建筑外观

（b）建筑立面

图2-5-7　蛇形画廊
（图片来源：网络）

3

建筑外墙的材料

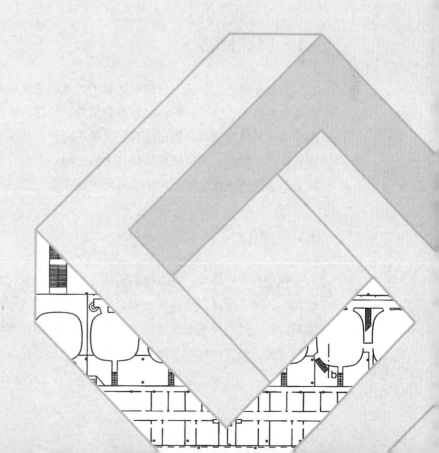

材料是建筑的物质基础,空间"无"的形成,依赖于材料"有"的实体。不同品种、规格、色彩、质感、透明程度的材料构成的建筑外墙,使观者产生不同的视觉感知与心理体验。

建筑材料的发展历史悠久,古时候人类使用土、石、竹、木、草秸、树皮等天然材料;公元三千年前美索不达米亚出现砖;我国在秦汉时期开始生产砖瓦,制陶技术成熟,我国传统独创的木材结构的榫卯结构可以不用一钉一卯就建构一座宏大的建筑,是建筑中将木材属性发挥到极致的重要技术;古罗马人发明了混凝土;公元4世纪罗马人将玻璃用在建筑门窗上。随后建筑材料发展缓慢,19世纪以后,水泥和钢材进入工业化生产,随着科技与技术的发展,大量现代化新材料应用于建筑中。

在建筑中,建筑材料品类多,建筑材料的数量、质量、品种、规格、外观、色彩等都会影响建筑的外墙。新材料的出现为建筑外墙的形式提供了更多的可能性。在建筑设计中,通过对材料和构造的处理可以反映建筑的艺术特性,利用材料作为建筑艺术设计的手段之一,丰富建筑外墙的艺术表现力。选择和使用材料要根据建筑的功能、经济、艺术等要求,应考虑材料所具备的性能、特点、构造形式,使材料物尽其用。

3.1 自然材料

千百年来,人们从大自然中获取了大量的墙体材料,从原始的土壤,到经烧制的砖瓦、加工后的石材等沿袭至今,经过技术的不断改进,仍在外墙中采用。其他如草料、竹材等自然材料在现代工艺水平及施工条件下,也发挥着作用,因此,本节将自然材料中的土壤、木材、石材的材料属性、构造做法,以及在现代建筑创作中外墙的处理手法,做一简略介绍。

3.1.1 黏土

黏土是含沙砾少、有黏性的土壤,由岩石经风化而形成,其所含矿物颗粒细小,属于胶体尺寸,与水混合后具有较好的可塑性,是制作陶瓷的主要原料。黏土是一种相对比较软的材料,可以通过添加沙砾、稻草、秸秆等来增加硬度,经过捣固和压缩制成夯土,可应用于建筑墙体中。

黏土广泛地分布于世界各地，美国、加拿大、中国、俄罗斯、墨西哥等国家都有较为丰富的黏土矿。因此这种原始的建筑材料，广泛应用于全世界各地。黏土材料的应用主要分为整体筑造、土砖砌筑、辅助材料三大类，其中夯土技术主要应用于建筑外墙中。传统的夯土技术在我国的应用历史悠久，早在公元前16世纪的殷商时代就出现了（图3-1-1），古建筑的台基、陵墓、万里长城等都应用了夯土技术，由于夯土建筑具有就地取材、施工简易、造价低廉、冬暖夏凉等优势，常用来建造民居建筑，例如福建的客家土楼（图3-1-2）。

黏土作为一种绿色环保节能的自然材料，通过结合技术的发展焕发了新机。目前夯土墙有的使用原生态肌理，与民居建筑外墙肌理大致相同；有的混合泥土、沙子或其他骨料，提高墙体的性能，同时使外观更具现代质感；有的添加着色剂使墙面出现层次分明的色彩纹理，提升艺术效果（图3-1-3 ～图3-1-5）。

图3-1-1 郑州商城遗址
（图片来源：网络）

图3-1-2 福建客家土楼
（图片来源：网络）

商代都城外郭城墙的南面和西面是夯土墙，长达6000多米。

  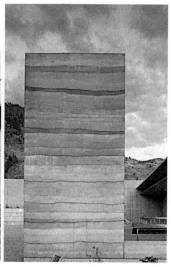

图3-1-3 夯土建筑案例
（图片来源：网络）

图3-1-3　夯土建筑案例（续）
（图片来源：网络）

图3-1-4　郑州建业足球小镇游客中心
（图片来源：网络）

建筑设计的理念来源于当地黄土沟壑的地貌特征，外墙采用夯土饰面表达地域特征，选用当地的原色红土和原色黄土为原材料，制作成自上而下由红色到黄色过度的视觉效果。

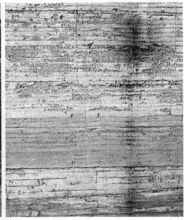

图3-1-5　二分宅
（图片来源：网络）

建筑外墙的夯土墙在建造过程中使用的不是传统的木模板，而是钢模板，拆除模板后出现了较为整齐的60毫米高的水平线条，与建筑的条形木材一起组成外墙和谐统一的肌理图案。

3.1.2　木材

　　木材是人类最早使用的建筑材料之一。在现代材料出现以前，它在建筑中起着不可替代的作用，尤其对我国木结构的发展作出了卓越的贡献。木材有很多优点，质轻、易加工等，给人感觉亲切自然，观感和触感都比较好。木材作为外墙的建筑，具有天然的纹理，与自然环境和谐统一（图3-1-6）。但是由于木材也具有天然缺陷，比如耐候性差、耐久年限低、易燃、易腐、维修较复杂。自然界中只有少量木种由于本身结构的特殊性，使得其天然耐久性、耐碱性极强，在室外环境中能有效延缓昆虫和细菌的侵蚀。但是大部分木材并不适合直接放到室外作为建筑的外墙材料，需要胶合加固，添加其他材料，或者覆以涂层。木材外墙的涂层基本上可以分为透明与不透明两大类，透明的涂层主要是桐油、油漆等，可以在较大程度上展示木材本身的色彩与质感；而不透明涂层主要是各色油漆，经过彩绘（又称彩画）加以装饰，同时也起到保护木材的作用。现代工艺使木材品种增加，材质提高，如胶合板、木纤维板等（图3-1-7）。

图3-1-6　木材外墙的建筑实例
（图片来源：网络）

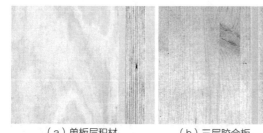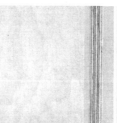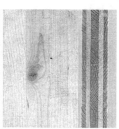

（a）单板层积材　　　　（b）三层胶合板　　　　（c）建筑级木材　　　　（d）五层胶合板

图3-1-7　各类木材图示
（图片来源：《Façade Construction Manual 1》by Herzog Krippner Lang）

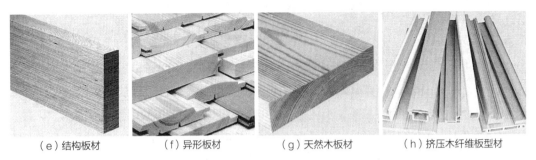

（e）结构板材　　　（f）异形板材　　　（g）天然木板材　　（h）挤压木纤维板型材

图3-1-7　各类木材图示（续）

（图片来源：《*Façade Construction Manual 1*》by Herzog Krippner Lang）

　　不同规格、不同品种的木材以及不同的建造方法所形成的肌理是有一定差别的，影响建筑外墙的形式，因此建筑师要想做到得心应手就必须了解木材表皮的构造形式（图3-1-8～图3-1-10）。常用的木板外墙构造形式主要有格栅式、接搭式、锁扣平接式，固定木板材的金属构件有暗藏式、露明式两种。木板外墙构造主要应注意木板材在自然环境中的胀缩变形及雨水的滞留，构造做法要注意通风透气。

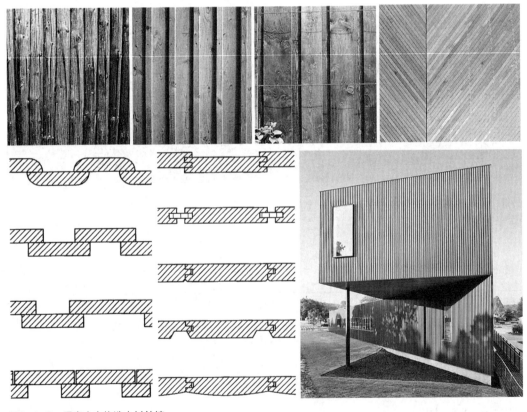

图3-1-8　垂直方向构造木材外墙

（图片来源：《*Façade Construction Manual 1*》by Herzog Krippner Lang）

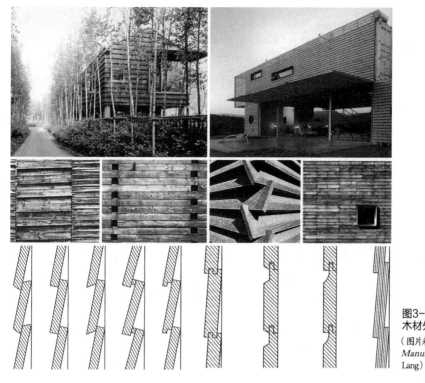

图3-1-9 水平方向构造
木材外墙
（图片来源:《*Facade Construction
Manual 1*》by Herzog Krippner
Lang）

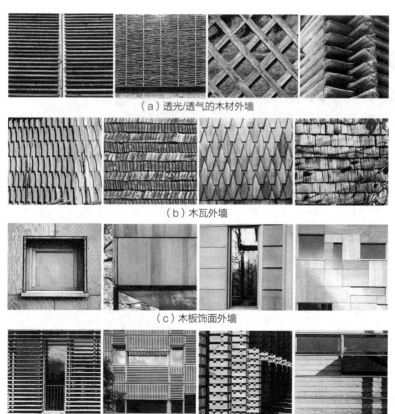

（a）透光/透气的木材外墙

（b）木瓦外墙

（c）木板饰面外墙

（d）建筑外墙利用各种木材的特殊案例

图3-1-10 各类木材外墙
（图片来源:《*Facade Construction
Manual 1*》by Herzog Krippner
Lang）

3.1.3 石材

石材是最为传统的建筑材料，自古以来石砌建筑的墙、柱等细部给人以美的视觉感受。天然石材是指自然岩石中开采所得的石材，它是人类历史上应用最早的建筑材料之一。由于天然石材强度高、耐久性好、储量丰富、易于开采等特点，因此常被用作墙体、地面、屋顶、建筑构件、雕塑等材料来使用。同时石材还经常让人感觉到建筑具有深厚的文化感、历史感。最初石材主要作为结构及装饰材料，如今，建筑已经很少采用石材砌筑承重结构，石材更多的是作为建筑的内外表皮的装饰材料来使用。

天然石材的种类和工艺很多，不同品种、不同色彩、不同纹理、不同的加工方法及不同的设计方法可以创造出多样性的建筑表皮。抛光石材根据抛光度的不同常具有镜面反射效果；亚光石材则由于光线漫反射而具有柔和、手摸平滑的特点；烧毛石材由于主要靠大色调及设计显示效果，因此可以采用价格低廉的品种达到超值的效果；条纹状凹凸纹理的石材显现出不同于平板石材的质感肌理；大块剁斧石则能显示出坚固、敦实、厚重的历史感（图3-1-11、图3-1-12）。

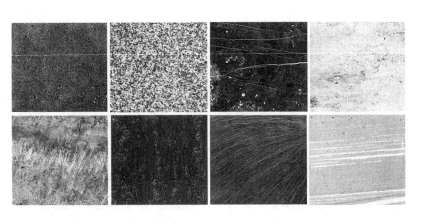

图3-1-11 各类石材1
（图片来源：《*Façade Construction Manual 1*》by Herzog Krippner Lang）

石材根据其构成的各种元素及矿物质的不同，而呈现出不同的色彩与纹理。

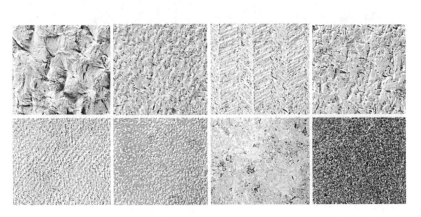

图3-1-12 各类石材2
（图片来源：《*Façade Construction Manual 1*》by Herzog Krippner Lang）

天然石材表面处理后呈现出不同的纹理与质感。

石材作为古老的砌筑材料，可以以块材的形式用于砌筑整体墙面，也可以板材的形式，采用干挂、湿挂等方式固定于外墙。通常建筑设计中石材墙面运用最多的方法是使用干挂构建大面积的建筑立面，通过采用相应的金属构件将石材固定在金属龙骨架上，再通过龙骨架与结构墙体的固定完成，墙体与石板之间的距离一般在80厘米以上，这种构造方法现场施工简便，易于调节墙面平整度，并且有利于墙体的保温节能。大部分的石板幕墙都是整面石材及拼缝的效果，建筑师主要通过石材的色彩、质感、砌筑规律等来表达墙面的细部（图3-1-13）。

图3-1-13 石材外墙建筑实例
（图片来源：网络）
石材天然的颜色和纹理不能复制，因此建筑外墙独具特色。

3.2 人工材料

3.2.1 砖

我国千百年来长期采用的黏土砖被称为"秦砖汉瓦"，作为主要的建筑墙体承重材料其应用十分广泛，使用初期一般作为结构材料，但由于对建筑空间及形式的要求越来越高，砌体结构的局限性越来越凸显，除了一些小型建筑，其他建筑已经基本不再把砖及砌块等作为结构材料了，但把砖及砖块作为建筑内外饰面材料的建筑却越来越多，砖的色彩单纯强烈，质感比未经磨光的石材更加平整细腻，砌体的图案既变化丰富，又规整精确（图3-2-1）。

砖按材料的组成可分为黏土砖、玻璃砖、粉煤灰砖、煤矸石砖、灰砂砖、炉渣砖、矿渣砖等，按生产工艺可分为传统烧制砖、新型免烧砖等，也可按照用途分为耐火砖、耐酸砖等。烧结黏土砖根据烧制工艺的不同又有红砖和清灰砖之分，这种砖往往给人以温馨、自然纯朴的感觉。然而烧结砖需要耗费大量黏土，易污染环境，相比之下煤矸石砖、矿渣砖是用工业废料制作而成，环保低碳。

砖作为结构材料具有良好的抗压性，荷载通过砂浆从一块砖传递到另一块砖，常见的构筑方式有错缝叠砌、凹凸砌筑、空斗砌筑、镂空砌筑等，砖在建筑外墙结构中表现其围护功能主要是以填充或双层皮的方式来表现。为了营造砖墙的立面效果的同时适应现代饰面材料轻、薄的要求，出现了完成后类似砖墙立面效果的装饰面砖。因此砖的外墙表达一般有两种，一种是显示砖本色的清水砖墙，例如青砖墙、红砖墙等（图3-2-2），一种是

图3-2-1 砖材灵活多变的砌筑形式
（图片来源：《*Façade Construction Manual 1*》by Herzog Krippner Lang）

在结构外墙上贴装饰面砖（图3-2-3）。通常情况下，装饰面砖是以特殊陶土为主要原料，经过配料、制胚、烧制以及表面处理等加工程序制作而成的。由于工业技术与生产工艺的不断进步，装饰面砖的品种规格也随之变得花色繁多，同时也为建筑表皮的艺术表现呈现多元化提供了更多的元素（图3-2-4～图3-2-10）。

图3-2-2　清水砖墙建筑
（图片来源：网络）

图3-2-3　装饰面砖建筑
（图片来源：网络）

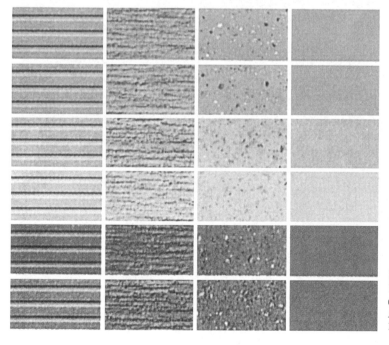

图3-2-4　装饰面砖的各种颜色与肌理
（图片来源：《*Façade Construction Manual 1*》by Herzog Krippner Lang）

（a）砖墙面砌筑而成的重复肌理

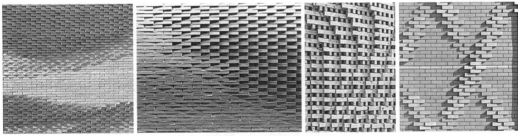

（b）砖墙面砌筑而成的渐变纹理

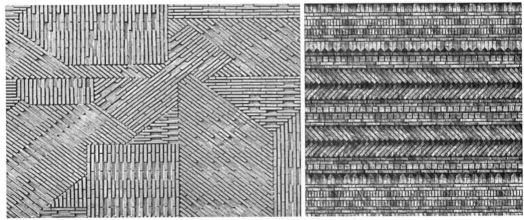

（c）砖墙面砌筑而成的复杂图案

图3-2-5　砖墙面不同肌理与图案的建筑外墙细部
（图片来源：网络）

通过变换每一块砖的位置与方向，外墙形成千变万化的肌理与图案。

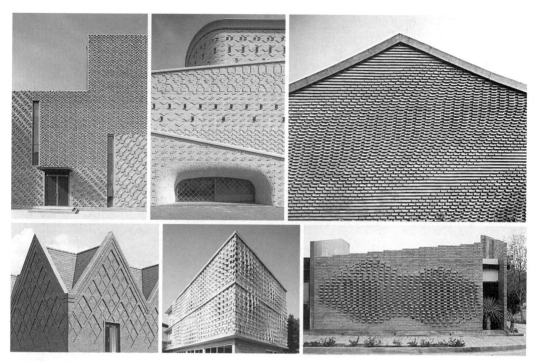

图3-2-6 砖外墙建筑案例

（图片来源：网络）

砖不同的砌筑方式产生丰富的形式美感，建筑外墙呈现出独特的肌理，具有韵律节奏感。

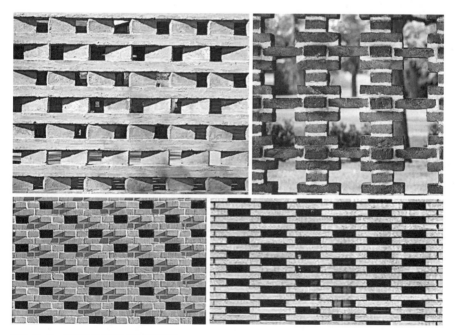

图3-2-7 采用砖缝砌筑的建筑案例

（图片来源：网络）

砖材本身的变换，再加上每一块砖块之间的砌缝变化，外墙可呈现出虚实结合与变化的形态，使墙面得以采光与通风，并保持建筑的整体性。

图3-2-7 采用砖缝砌筑的建筑案例（续）

（图片来源：网络）

砖材本身的变换，再加上每一块砖块之间的砌缝变化，外墙可呈现出虚实结合与变化的形态，使墙面得以采光与通风，并保持建筑的整体性。

图3-2-8 砖材与其他材料结合使用的案例

（图片来源：网络）

建筑外墙可使用砖材与其他材料结合，形成或细腻或粗犷的风格形式。

图3-2-9　上海交响乐团音乐厅

（图片来源：网络）

上海交响乐团音乐厅的外墙选用带竖向孔洞的特制砖，将砖材通过金属管穿在一起，砖与砖之间用垫片来控制缝隙，没有使用传统的砂浆砌筑方法，外墙的砖缝控制精细，使整体外墙显得格外平整。

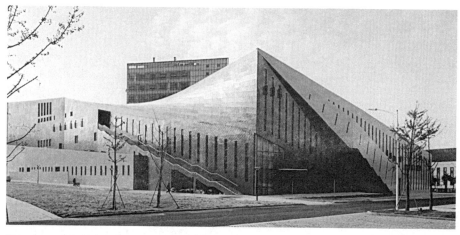

图3-2-10　南京大学仙林校区大学生活动中心

（图片来源：网络）

南京大学仙林校区大学生活动中心的外墙贴面砖选用带釉面的长条砖，按45°斜向排列铺贴，由于釉面的反光效果，整体光滑的墙面呈现出金属的质感。

3.2.2 混凝土

混凝土是由天然材料（沙、石）和人工材料（水泥）按不同比例、选材规格混合而成，它可按设计的不同模板形态，凝固拆模后形成不同的形态，可塑性强（图3-2-11）。混凝土建筑外墙分为素混凝土（加气、轻质、普通、重质）、增强混凝土（钢筋、织物）、纤维混凝土（金属、塑料、玻璃、木材），随着新技术的发展，混凝土的添加物也越来越丰富，如透光混凝土、超高性能混凝土、具有愈合功能的自愈性混凝土等。混凝土这种人工混合材料是当今运用最为普遍的承重结构材料之一，决定混凝土色彩最主要的因素是水泥；而决定混凝土质感形成与纹理表现的除了合成它的材料之外，更重要的是浇筑它的模板。如欲利用混凝土的色彩、质感与纹理来赋予建筑独特格调，则应对水泥进行严格要求，对模板制作要精心设计与严密加工。混凝土肌理的艺术运用，可以使建筑具有非凡的魅力。清水混凝土光滑朴素的质感恰恰无须抹灰、涂饰等装饰，可以完美地表现出现代主义建筑肌理的自然、朴实（图3-2-12）。

图3-2-11　形态各异的混凝土外墙建筑案例

混凝土的可塑性强，运用浇筑模板使得外墙的形式丰富多样，并具有良好的结构支撑性。

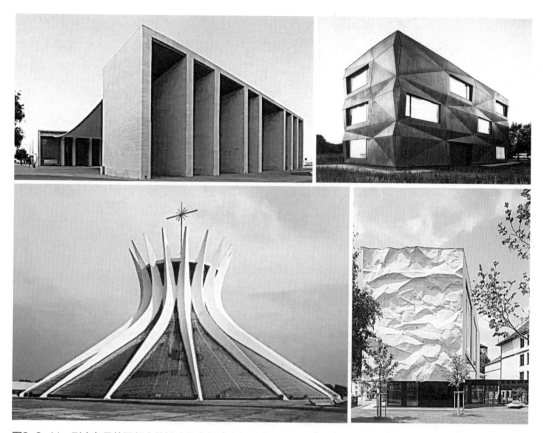

图3-2-11　形态各异的混凝土外墙建筑案例（续）

混凝土的可塑性强，运用浇筑模板使得外墙的形式丰富多样，并具有良好的结构支撑性。

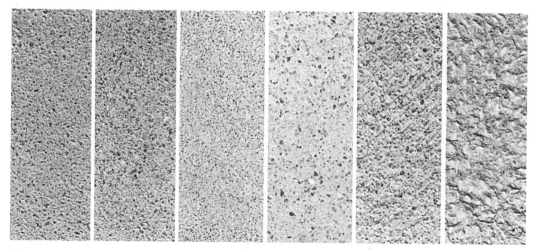

图3-2-12　各种肌理的混凝土墙面

（图片来源：《*Façade Construction Manual 1*》by Herzog Krippner Lang）

混凝土表面经过不同工艺的处理，可呈现出细腻或粗犷的不同风格。

对于清水混凝土材质的运用，不同建筑师有着不同的观点，有的建筑师需要的是混凝土的精致，而有的建筑师则追求的是粗犷。要追求混凝土自然粗犷的力度美感，通常会保留施工工艺的痕迹甚至瑕疵，更注重真实性的表现，因此施工要求不似前者要求高，主要靠建筑的整体对比显示效果，而当人们接近建筑时又会感受到混凝土墙面的粗犷有力。同时，还可以通过添加外加剂来改变混凝土的色彩和质感来达到不同的效果（图3-2-13）。

随着成规模化预制的混凝土构件的批量生产，逐渐解决了周期较短且劳动力不足的建造问题。混凝土不但具有很好的结构强度，还可以直接作为装饰部件，如较薄较轻的高强混凝土、GRC等（图3-2-14）。

图3-2-13　添加各类外加剂的混凝土外墙建筑案例
（图片来源：网络）

混凝土建筑外墙呈现出不同的色彩、质感与肌理。

 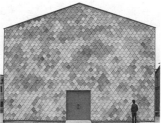 

图3-2-13　添加各类外加剂的混凝土外墙建筑案例（续）

（图片来源：网络）

混凝土建筑外墙呈现出不同的色彩、质感与肌理。

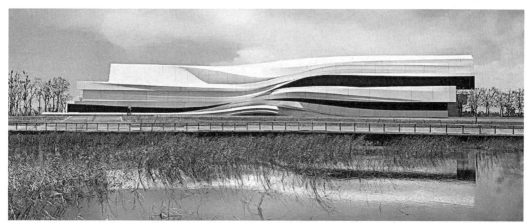

图3-2-14　GRC外墙建筑案例

（图片来源：网络）

GRC具有高强度、质量轻、耐火、耐酸碱、耐候性强等优点，可根据设计任意造型，色彩丰富，质感与肌理效果多，大多以干挂的方式固定在建筑结构上。

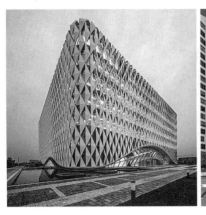

图3-2-14　GRC外墙建筑案例（续）

（图片来源：网络）

GRC具有高强度、质量轻、耐火、耐酸碱、耐候性强等优点，可根据设计任意造型，色彩丰富，质感与肌理效果多，大多以干挂的方式固定在建筑结构上。

3.2.3　金属

金属是一种具有光泽、富有延展性、容易导电、导热等性质的物质。除了汞以外的金属在常温环境下均为固态。金属一般分为黑色金属和有色金属。以铁为基本元素的金属及其合金称为黑色金属，一般使用的钢、铁均为黑色金属。建筑中面板常用的金属主要有钢、铝、锌、不锈钢、钛及其合金。由于金属的化学属性比较活泼，易受腐蚀，在外墙应用中要做防腐蚀处理，例如使用不锈钢、耐候钢、铝合金等稳定的合金，或者在表面覆以保护层，如镀锌板、涂层钢板等。

根据金属材料的种类和特征等因素，加工工艺分为冷加工和热加工。冷加工是通过外力塑形改变金属的尺寸和形状，热加工是将金属加热融化之后改变形状。经过加工处理的金属材料会产生多种形式，主要有：不同厚度的平板、波形或梯形的断面板、穿孔板、金属丝网以及板网、凹凸花纹金属板材等（图3-2-15～图3-2-17）。虽然各类金属材料构造方式不同，其基本原理都是相似的。咬接式一般适用于薄板；明钉式直接固定法一般适用于各种厚度的板材；暗藏式铆钉固定法一般适用于正常厚度的窝边板材；暗扣式一般适用于扣接式断面板、盒式板块，设计师可以根据设计意图来选择合适的面板及安装方法（图3-2-18、图3-2-19）。

图3-2-15　不同图案的轧花金属

（图片来源：《*Façade Construction Manual 1*》by Herzog Krippner Lang）

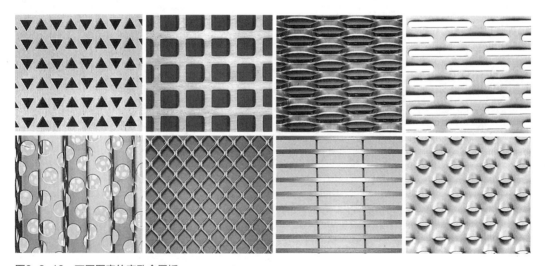

图3-2-16　不同图案的穿孔金属板

（图片来源：《*Façade Construction Manual 1*》by Herzog Krippner Lang）

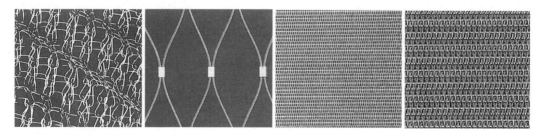

图3-2-17　不同形态的金属网

（图片来源：《*Façade Construction Manual 1*》by Herzog Krippner Lang）

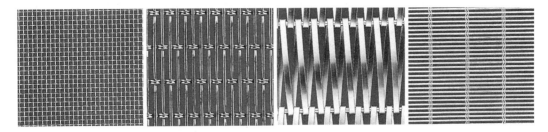

图3-2-17 不同形态的金属网（续）

（图片来源：《*Façade Construction Manual 1*》by Herzog Krippner Lang）

图3-2-18 金属外墙表皮

（图片来源：网络）

图3-2-19 金属外墙建筑案例

（图片来源：网络）

利用金属材料的延展性，将其锻造为不同的形状，加以不同的金属元素，使其呈现出不同的色彩及质感，使金属外墙的形式丰富多变。

3.2.4 玻璃

　　玻璃是一种透明的、硬脆性的固体材料，是将石英、纯碱、石灰石等原料在高温下熔融、成型、冷却而成的。玻璃最显著也是最主要的特征是其透光性，受制于强度的限制，玻璃最早作为门窗材料出现在建筑中。随着科技与工艺的进步，玻璃的力学性能与物理性能都得到了极大地提升。通过改变成分或添加其他元素，可使玻璃呈现出不同的透明度、色彩度和反光度，通过工艺技术，可使玻璃变幻为平面、曲面、玻璃砖等各种形态（图3-2-20、图3-2-21）。目前玻璃作为外墙材料，常应用于框架结构和幕墙结构，使建筑摆脱了厚重的形象，呈现出轻盈剔透、五彩缤纷、变化多端的崭新面貌（图3-2-22）。

图3-2-20　不同透光性的玻璃建筑
（图片来源：网络）

图3-2-21 不同色彩的玻璃建筑
（图片来源：网络）

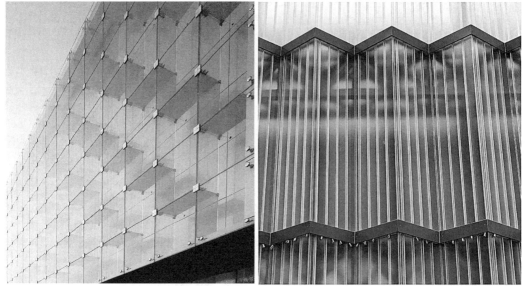

（a）平面玻璃 （b）U型玻璃

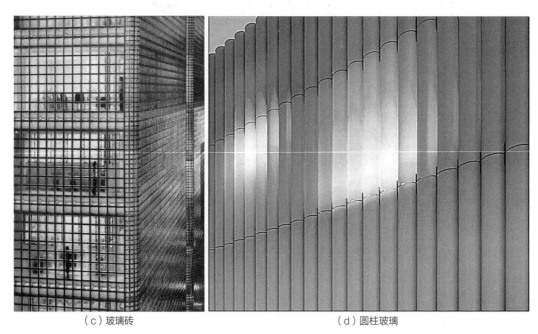

（c）玻璃砖 （d）圆柱玻璃

图3-2-22 不同形态的玻璃
（图片来源：网络）

玻璃幕墙的形式多种多样,大体可分为明框玻璃幕墙、隐框玻璃幕墙、全玻璃幕墙、支点式玻璃幕墙、双层玻璃幕墙等。其中隐框玻璃幕墙又可分为全隐身玻璃幕墙和半隐身玻璃幕墙,双层玻璃幕墙也可分为上层通风玻璃幕墙和外层玻璃幕墙。全玻璃幕墙主要的应用部分是建筑物内的共享大厅、大堂等强调视线通透处,施工成本较高。支点式玻璃幕墙系统主要用于高度较高的位置,在国内火车站的设计中经常能看到支点式玻璃幕墙系统。双层通风玻璃幕墙系统追求的是节能、隔声效果,一般应用在追求高效节能的高技术的商业性建筑中,其对经济和技术要求很高,相比之下外层玻璃幕墙对经济和技术要求较低,其主要是以玻璃幕墙作为装饰层和保护层。目前高层建筑的玻璃幕墙使用中出现了新颖的光电玻璃,在保持玻璃高通透性的同时,也在夜晚点亮了建筑的外观,在城市的地标性建筑中使用较为普遍。

由于玻璃的高反射率,大面积采用玻璃幕墙往往会产生光污染,长时间在光污染环境下工作和生活会引发疾病,玻璃幕墙折射周围的街景会给人造成错觉,角度不当甚至会引发眩光,给城市交通带来很多安全隐患,这类问题在设计时需要引起建筑师的关注。

3.2.5 陶瓷

我国是陶瓷的发源地,从古至今陶制品都在我国的建筑中有所应用,琉璃砖饰件就是传统建筑外墙的特色装饰材料。陶瓷取材于天然陶土,具有较强的耐腐蚀性、耐火性、保温性和抗冻性,还具有较强的隔声性能。陶瓷产品色彩丰富,材料表面可处理为自然面、釉面、砂面、槽面以及仿古做旧(图3-2-23),为建筑师提供了更大的选择空间。陶瓷自重轻,施工简便,具有较强的自洁能力,使建筑外墙效果能够更长久地保持。现代建筑外墙常在幕墙设计中采用陶板、陶管、陶瓷砖,构造安装需要由支撑龙骨连接,可以用外露的连接件,也可以用隐蔽的连接件(图3-2-24~图3-2-28)。

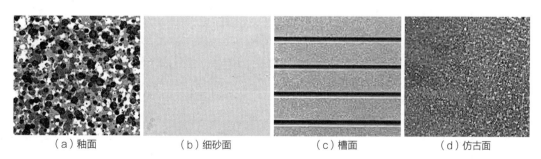

| (a)釉面 | (b)细砂面 | (c)槽面 | (d)仿古面 |

图3-2-23 陶板的各种表面
(图片来源:网络)

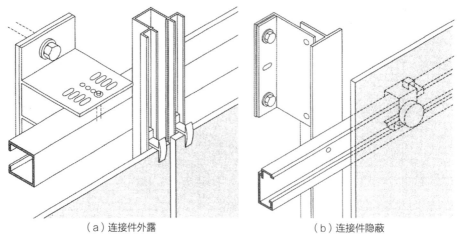

（a）连接件外露   （b）连接件隐蔽

图3-2-24 陶板的安装构造

（图片来源：网络）

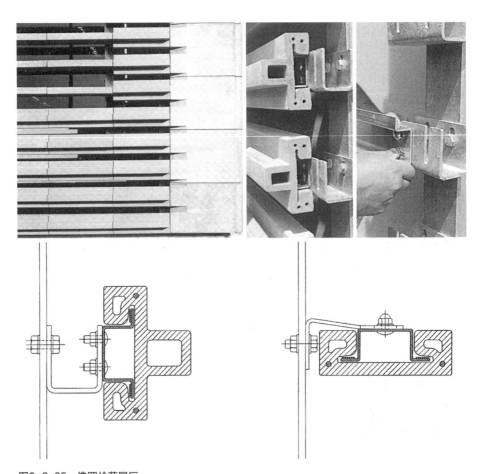

图3-2-25 佛罗伦萨展厅

（图片来源：《*Façade Construction Manual 1*》by Herzog Krippner Lang）

建筑外墙将条形的陶瓷砖通过特殊的金属构件连接在主体结构中。

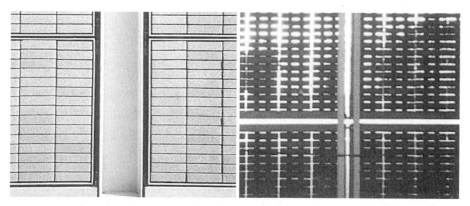

图3-2-26 热那亚多层停车场

（图片来源：《*Façade Construction Manual 1*》by Herzog Krippner Lang）

建筑外墙采用大面积陶土砖，利用面砖的缝隙进行采光与通风。

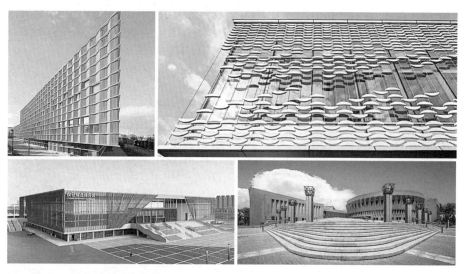

图3-2-27 陶材料外墙建筑案例

（图片来源：网络）

图3-2-28 俄罗斯2018世界杯斯巴达克体育场

（图片来源：网络）

外墙采用空心陶瓷板，陶瓷板自重轻，具有超强的对抗天气和不同环境情况的能力，耐污性能强，不需维护打理，也可光彩如新。

3.2.6 其他材料

　　随着科技的发展，材料的性能得以改进，一些非传统的建筑材料被建筑师发掘应用于墙面，例如膜材、聚碳酸酯板、千思板等（图3-2-29～图3-2-31），另外出于环保的考量，一些自然材料与植物被焕活（图3-2-32～图3-2-35），同时一些可回收的废旧物也直接或间接地应用在建筑外墙中（图3-2-36）。

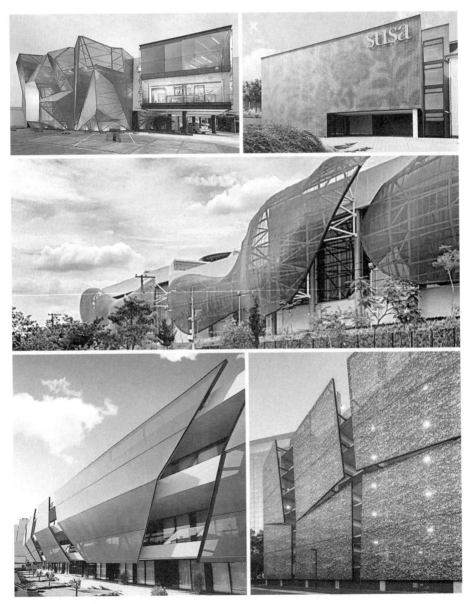

图3-2-29　膜材建筑外墙案例
（图片来源：网络）

膜材自重轻、高强、高弹，具有超强韧性，构造简单，施工方便，可回收利用，系环保节能材料，具有良好的通透性，确保对外的可视性，可定制印刷，造型美观。膜材在建筑外墙上的应用常使用拉索支撑，利用顶杆在表面形成凸点，控制墙面的立体效果。

图3-2-30 聚碳酸酯板建筑外墙案例
（图片来源：网络）

聚碳酸酯板，简称PC板，主要是以聚碳酸酯聚合物为原料，经过挤压加工制造出来的。聚碳酸酯板具有透光率高、耐抗击强度高、质量轻、隔声好、耐候性强、阻燃性好、抗紫外线等优点，是一种高科技、综合性能极其卓越、节能环保型塑料板材。聚碳酸酯板材料的厚度从0.8厘米到30厘米不等，常用的有双层或多层中空结构板，颜色也可以依据使用要求进行定制，其不同的透明度差异也能让光线、视线等满足使用者不同的需求。

　　每种材料都有其自身属性，有合适的构造做法，建筑师在选择材料时应当遵守这些规则，正如路易斯·康问"你想成为什么"，正是指材料的属性决定了其最优的构造方式。在处理传统材料时，可以按照固有的模式去思考，也可以根据其属性，用创新的方式表现材料的物理及力学性能，或挖掘材料的其他属性，重新诠释传统材料。

图3-2-31　千思板建筑外墙案例
（图片来源：网络）

千思板是指用高压热固化的木纤维板，结构均匀致密，性能坚固，防水性、耐久性、抗污性、防火性能均表现优异，表面的颜色和纹理可随意设计制作，表现力强。

图3-2-32　土坯砖墙

图3-2-33　芦苇外墙

图3-2-34　植物种植外墙

图3-2-35　茅草外墙

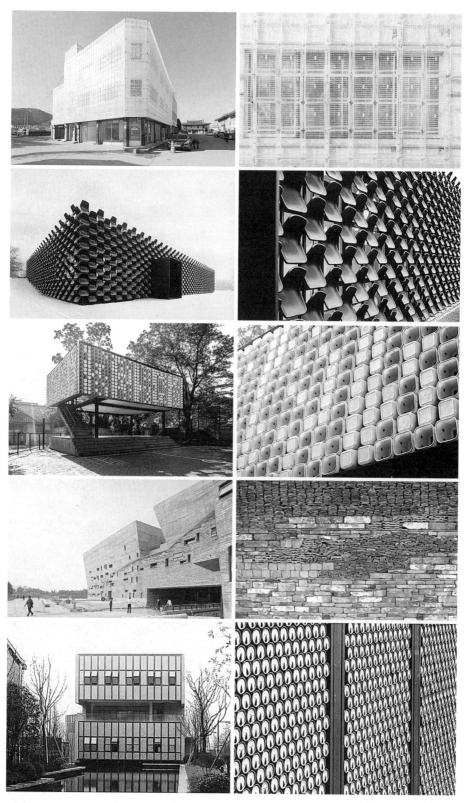

图3-2-36　废旧材料外墙

3.3 装饰·构造

在中外传统建筑的外墙中运用了多种多样的自然与人工材料，通过不同的加工工艺和各类花饰装点着外墙，使其形成了不同的建筑风格。木、砖、石的雕刻以及铁艺金属等花样纹饰有植物、动物、人物、文字等各类图案，无一不表示着各民族、各地区千百年来传承下来的审美观、价值观以及文化记忆（图3-3-1）。

近百年来的现代建筑，虽然对外墙装饰的审美百家齐鸣，"少就是多""少即是厌烦""装饰就是罪恶"等思想流派纷呈，但从早期现代主义的形态构成基础（点、线、面、体）成为建筑创作的形态构成的立足点（详见第4章），到20世纪后期以解构主义为代表的后现代建筑风格，不仅彻底地打破西方古典主义的美学观（对称、均衡、比例、尺度、节奏、韵律等），也颠覆了早期现代主义的创作手法。

（a）古埃及建筑装饰

（b）哥特建筑装饰

（c）中国传统建筑装饰

（d）伊斯兰传统建筑装饰

图3-3-1　不同地区与民族的建筑装饰

建筑外墙中使用的材料种类繁多，构造形式多样，而新的材料、新的工艺提供了更多变的建筑风格，因此学习不同优秀建筑中外墙的构造节点，是构筑建筑整体形态的重要技术手段。

3.3.1　木材外墙构造案例（图3-3-2～图3-3-4）

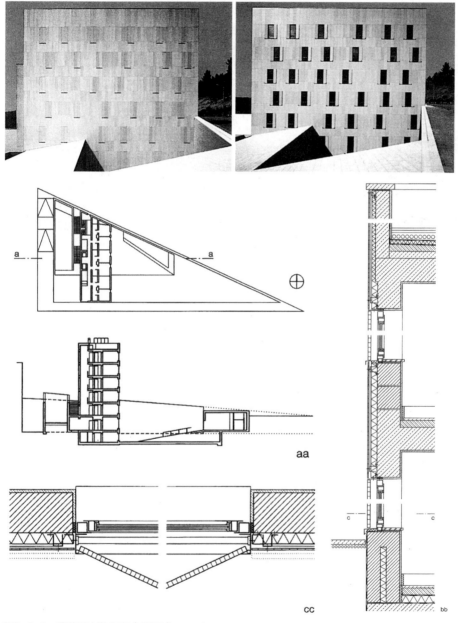

图3-3-2　葡萄牙大学公寓（1996）

（图片来源：《*Façade Construction Manual 1*》by Herzog Krippner Lang）

建筑外墙整体覆盖了光滑的木材板，这些板材宽度都为80毫米，高度分为三种，其中中间高度的板材是这座公寓窗户的开合木遮板，建筑外墙会随着住户的启闭而不断地变化。

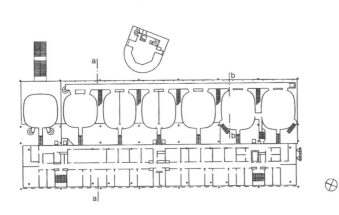

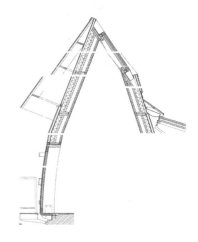

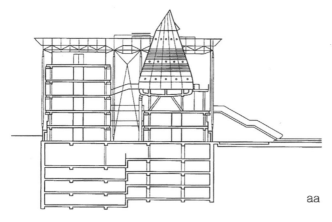

aa

图3-3-3 法国刑事法庭（1998）
（图片来源：《*Facade Construction Manual 1*》
by Herzog Krippner Lang）

这座法院的七个审判庭位于一个大屋顶下，每个独立的审判庭看起来像木桶一样，这样使得每个审判庭都能通过屋顶的开口获得充足的光照，木材外墙铺设吸声板能够减少外界的噪声，同时限制室内的混响。

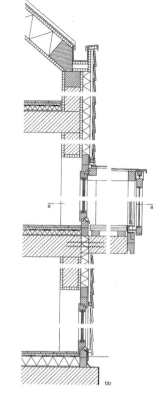

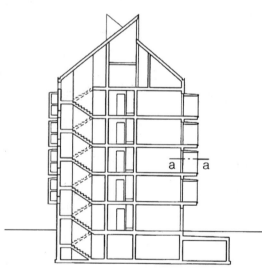

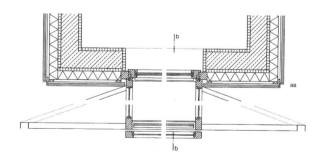

图3-3-4 奥地利公寓大楼（1996）

（图片来源：《Façade Construction Manual 1》by Herzog Krippner Lang）

整个建筑的构件是提前加工预制的，建筑外墙采用橡木板条搭接而成，出挑的阳台在外立面上加了一个可滑动的玻璃窗，使外墙变得活泼有生气。

3.3.2 石材外墙构造案例（图3-3-5～图3-3-8）

博物馆的外墙采用玄武质熔岩石材幕墙，曲面屋顶也由玄武质熔岩石材覆盖，虽然石材在切割时有很多孔隙，但整个建筑外墙看起来却很光滑。

图3-3-5 奥地利现代艺术博物馆（2001）
（图片来源：《*Facade Construction Manual 1*》by Herzog Krippner Lang）

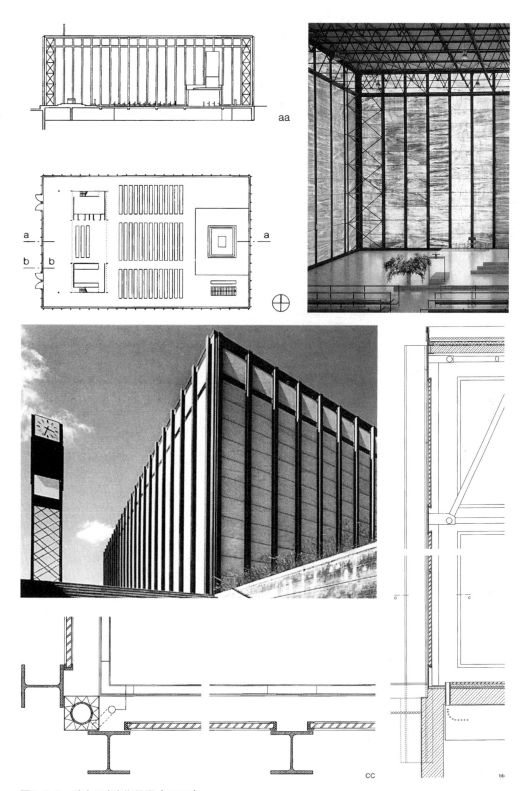

图3-3-6 瑞士圣皮乌斯教堂（1966）

（图片来源：《*Façade Construction Manual 1*》by Herzog Krippner Lang）

这座教堂是由1.68米的钢结构网架组成，墙面采用1020毫米×1500毫米的半透明大理石板材，阳光可透过外墙进入室内，能清楚地看到石材的肌理，创造了独特的氛围。

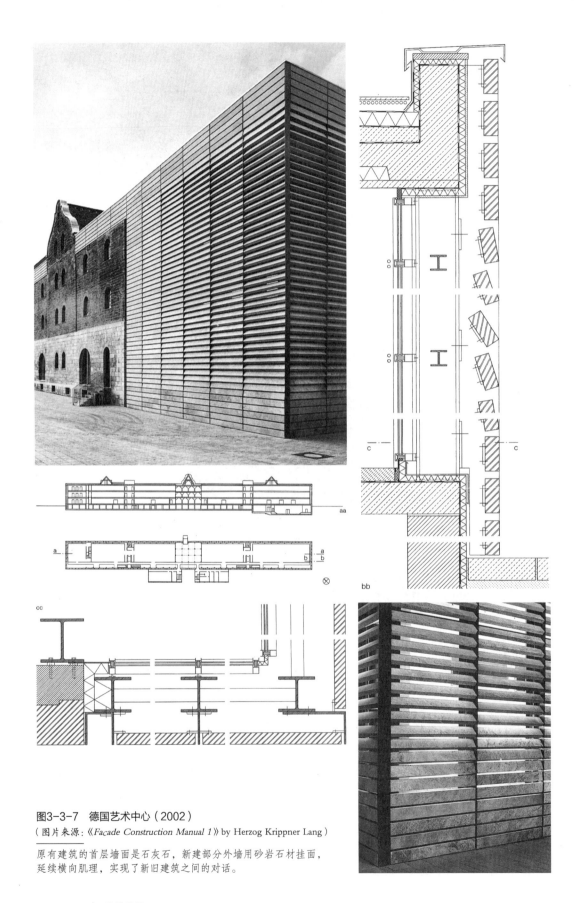

图3-3-7　德国艺术中心（2002）

（图片来源：《*Façade Construction Manual 1*》by Herzog Krippner Lang）

原有建筑的首层墙面是石灰石，新建部分外墙用砂岩石材挂面，
延续横向肌理，实现了新旧建筑之间的对话。

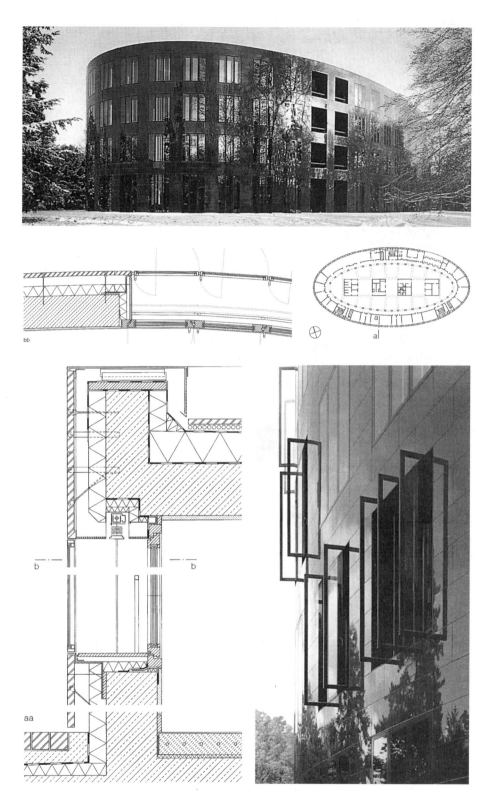

图3-3-8　德国联邦总统办公楼（1998）

（图片来源：《Façade Construction Manual 1》by Herzog Krippner Lang）

这座建筑的外墙采用抛光的巴拿马黑天然石材，墙面上的窗和外表面的石墙相齐平，使得整个椭圆形的建筑显得格外光滑。

3.3.3 砖材外墙构造案例（图3-3-9、图3-3-10）

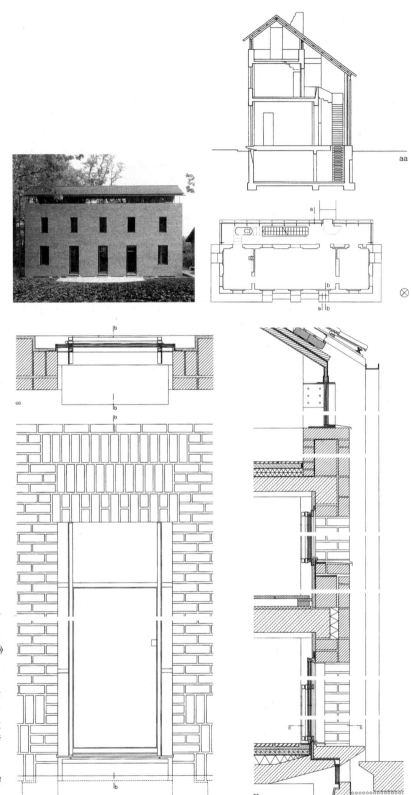

图3-3-9 德国私人住宅（1997）

（图片来源：《*Façade Construction Manual 1*》by Herzog Krippner Lang）

这座住宅采用砖砌而成，屋顶被高高抬起与墙面分开，强调了巨大的立方形体。建筑墙面的厚度达500毫米，采用统一的砖砌方法，但在门和窗的过梁处砌筑方法发生了变化。

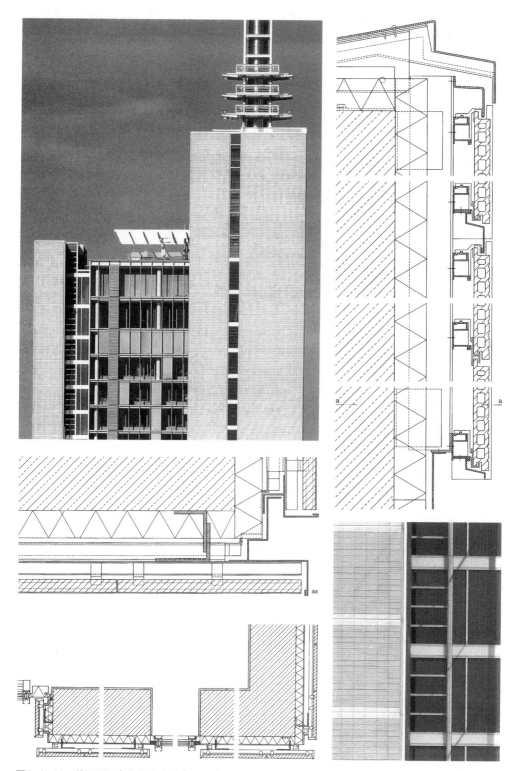

图3-3-10　德国贸易中心行政大厦（1999）

（图片来源：《*Facade Construction Manual 1*》by Herzog Krippner Lang）

这座大厦采用了通风墙面，通过铝架将陶土砖幕墙固定在主体结构上。陶土砖饰面没有经过染色，而是直接使用了天然的浅珠光灰做饰面。这座建筑的立面上出现了一些水平的明框，这样可以防止雨水顺着墙面倒流，同时减少生产过程中的峰值应力。

3.3.4 混凝土外墙构造案例（图3-3-11、图3-3-12）

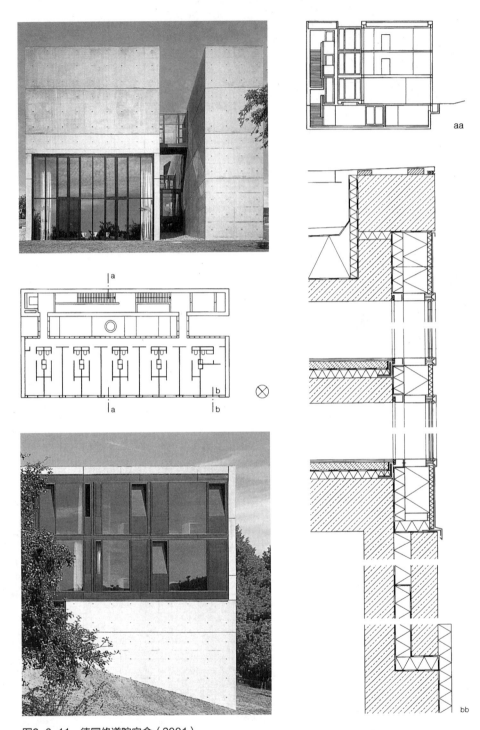

图3-3-11　德国修道院宿舍（2001）

（图片来源：《*Façade Construction Manual 1*》by Herzog Krippner Lang）

该建筑是给修道院的参观者提供的住所，建筑分为两个部分，较狭长的部分像一个可进入的墙，是整个建筑的入口，较宽的部分是主体，包含20个居住单元，含有公共空间、办公室、修道场和礼拜堂，简单朴素的混凝土的建筑墙面象征了冷静与肃穆。

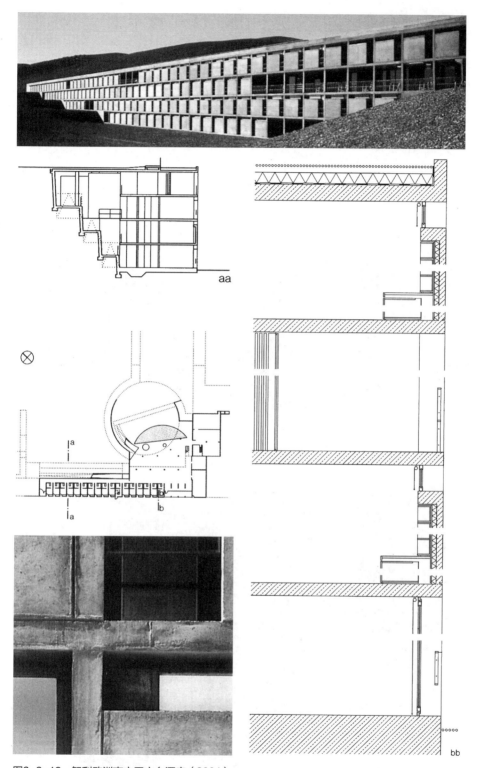

图3-3-12 智利欧洲南方天文台酒店（2001）

（图片来源：《*Facade Construction Manual 1*》by Herzog Krippner Lang）

该酒店位于海拔2600米的帕瑞纳，为天文台的工作人员提供了各种设施，各个房间的混凝土墙面可以有效地解决日晒过热的问题，该墙面像一个蓄热器，可调节昼夜大约20度的温差，墙面上添加了氧化铁着色，使得建筑的色彩与阿塔卡马沙漠相呼应。

3.3.5 金属外墙构造案例（图3-3-13～图3-3-15）

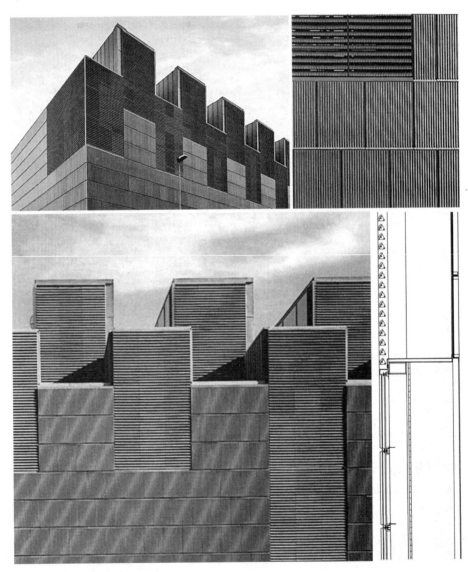

图3-3-13　瓦伦西亚艺术博物馆

（图片来源：《*Façade Construction Manual 1*》by Herzog Krippner Lang）

该建筑像一个巨大坚固的金属盒子，灰色的外墙用生铁制成，钢板纵向排列组成封闭的外围护结构，在屋顶突出的地方利用水平的金属百叶，用来通风与采光。

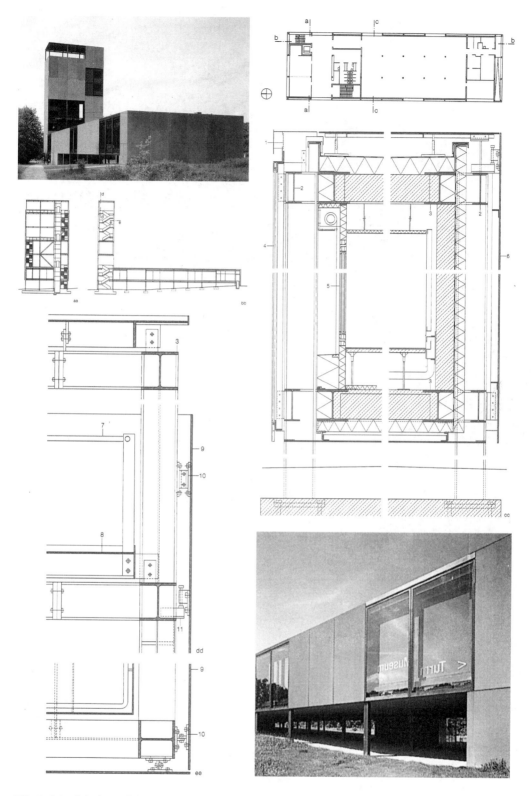

图3-3-14 卡尔克里泽博物馆

（图片来源：《*Façade Construction Manual 1*》by Herzog Krippner Lang）

该建筑全部采用耐候钢覆盖，金属板通过经过特殊处理看起来像生锈的铁板，象征时间的流逝。

3 建筑外墙的材料

91

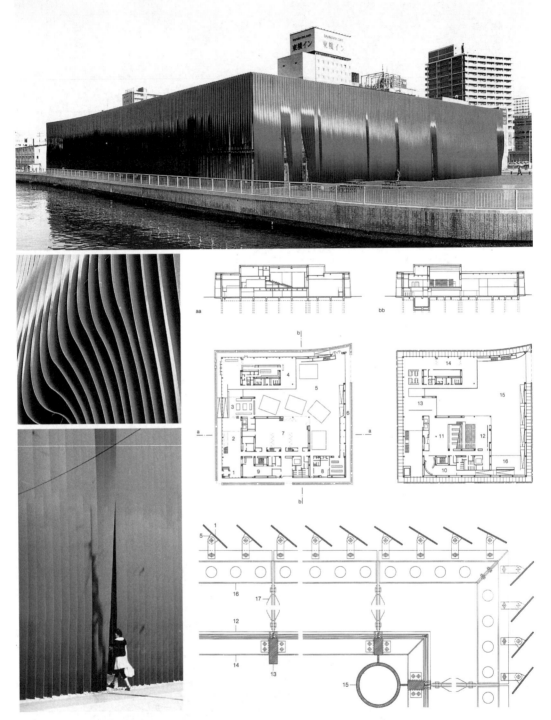

图3-3-15 青森市博物馆和文化中心
（图片来源：网络）

建筑墙面让人联想起红色的窗帘，建筑设计极其注重细节，每一片薄钢板都不相同。高12米、宽30米、厚9毫米的高板，从建筑顶部悬挂下来，每一片都留有风压角，固定在另外三个点上，使它们能够抵抗热膨胀和海风引起的弯曲。

3.3.6 玻璃外墙构造案例（图3-2-16~图3-3-18）

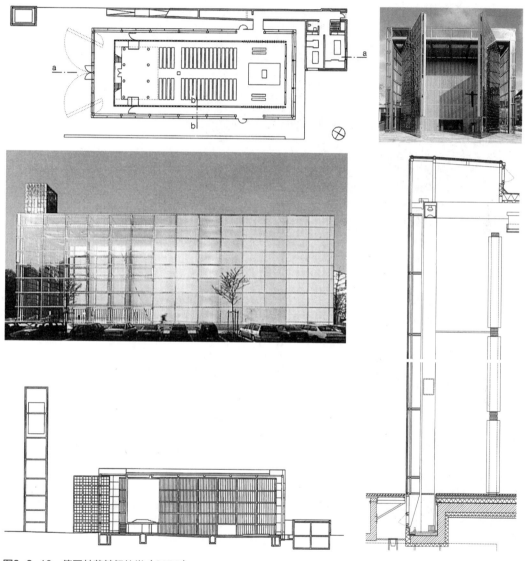

图3-3-16　德国赫茨基督教堂（2000）

（图片来源:《*Façade Construction Manual 1*》by Herzog Krippner Lang）

教堂的外墙面采用双层玻璃，水平和垂直的玻璃翅为玻璃墙面提供支撑，墙面高14米，其采用多种不同透明度的玻璃，入口处采用全透明的玻璃，内部采用浅棕色的玻璃做垂直的百叶。

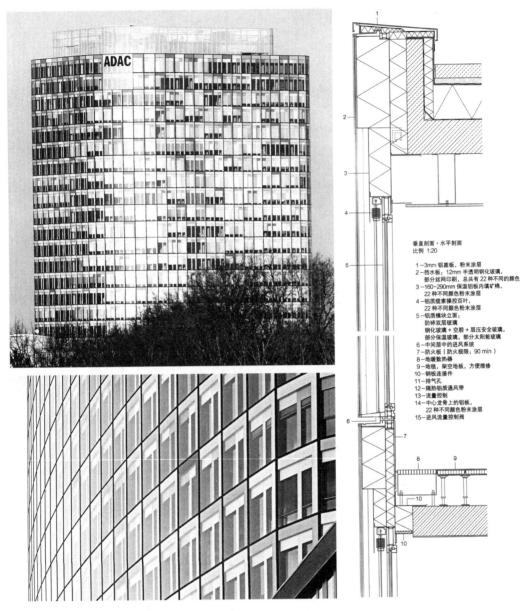

垂直剖面・水平剖面
比例 1:20

1—3mm 铝盖板，粉末涂层
2—挡水板：12mm 半透明钢化玻璃，
　部分丝网印刷，总共有 22 种不同的颜色
3—160~290mm 保温铝板内填矿棉，
　22 种不同颜色粉末涂层
4—铝质缆索操控百叶，
　22 种不同颜色粉末涂层
5—铝质模块立面：
　防碎双层玻璃
　钢化玻璃＋空胶＋层压安全玻璃，
　部分保温玻璃，部分太阳能玻璃
6—中间层中的进风系统
7—防火板（防火极限：90 min）
8—地毯散热器
9—地毯，架空地板，方便维修
10—钢板连接件
11—排气孔
12—隔热铝质通风带
13—流量控制
14—中心龙骨上的铝板，
　22 种不同颜色粉末涂层
15—进风流量控制阀

图3-3-17　慕尼黑ADAC总部大楼
（图片来源：《*Facade Construction Manual 1*》by Herzog Krippner Lang）

建筑主体由22种不同颜色构成，整体凸显黄色的背景，与公司LOGO相一致。双层玻璃幕墙的外墙面中包含了上千种不同的模块，这些模型通过不同的排列共同组成了立面色彩的变化。每个模块由双层的防爆玻璃和外层的挡水板构成，中空的部分是遮阳百叶、风道、自洁设备，挡水板上的丝网印刷遮挡住风道设备，内部的金属板将遮阳百叶隐藏了起来。

图3-3-18 瓦利塞伦安联总部

（图片来源：《*Façade Construction Manual 1*》by Herzog Krippner Lang）

大楼的双层玻璃幕墙的封闭空腔采用气密高保温构件，空腔中的空气进行抽湿处理，空间内部不会有水汽凝结，也不会有灰尘，虽然窗户厚度达300毫米，但从室内看像一层薄膜。最外层玻璃上利用丝网印刷玛瑙图案，给人以石材的感觉。这个双层玻璃幕墙的主要设计元素是窗帘，在双层玻璃幕墙的中空位置安装氧化铝涂层的窗帘，建筑外立面会随着窗帘的打开与关闭呈现出不同的效果。

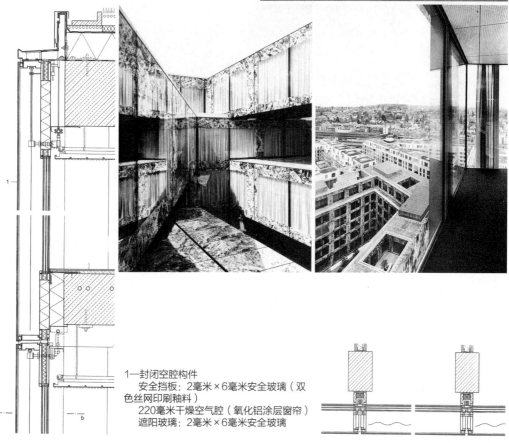

1—封闭空腔构件
安全挡板：2毫米×6毫米安全玻璃（双色丝网印刷釉料）
220毫米干燥空气腔（氧化铝涂层窗帘）
遮阳玻璃：2毫米×6毫米安全玻璃

4

建筑外墙的形式

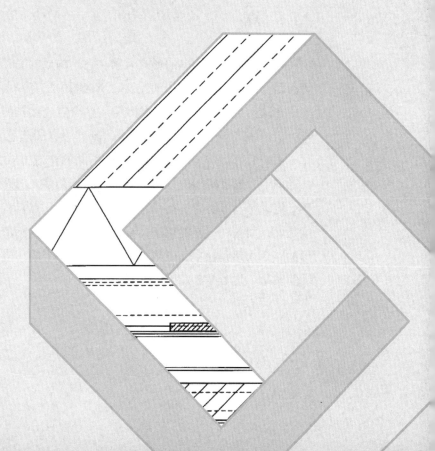

传统外墙的形态要素有基座、墙体、门窗、线脚、檐部等，然而现代建筑形态的形成和发展变化以点、线、面、体为基本要素，以其运动变化的轨迹不同，加之不断变化的形状、大小、色彩、肌理、位置和方向，应用创新手法（如叠加、切割、扭曲、渐变、穿插、动态）使建筑形态的创作达到前所未有的"新""异"的高度，建立起新的语法关系、自身的秩序与相应的美学规律，成为现代设计的基本方法。

4.1　构成要素

外墙形式的重点在于构成，以人的视觉为出发点，从点、线、面、体等基本要素入手，以此为基本形进行设计创作。外墙设计中点、线、面、体等基本形可由墙面、柱子、阳台、雨棚、门、窗、线脚等构件抽象而来，也可由装饰构件、材料的肌理与图案呈现出来。以点、线、面、体等基本形为出发点，利用材料的色彩、质感及光影效果，应用不同的构成方法，结合美学规律，就能创造出各种建筑外墙的形式。

4.1.1　点

点是最基本最简单的形式元素，它是构成的基础，点通过大小、形状、排列组合呈现出不同的视觉效果。当构图中只有一点时，观察者的视线就会集中在这一点上，具有点睛的效果。多个点连续排列会产生线、面的感觉，排列方式的不同还会产生整齐感、流动感、凹凸感、聚集感、疏松感等变化（图4-1-1）。不同大小的点通过不同的构成方式，可以展示出生动、各异的图形，通过构图的方式可以呈现出复杂多变的感觉，例如立体感、纵深感、流动感、节奏感、韵律感等。在设计中，点具有相对性，放大到一定程度是面，而各种不同的形态，给人不同的感受，圆形的点令人感到圆滑，方形的点令人感到稳重，三角形的点令人感到牢固，多边形的点令人感到活泼（图4-1-2、图4-1-3）。

（a）一个点：聚集视线

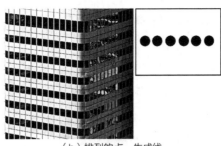
（b）排列的点：生成线

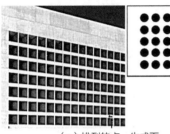
（c）排列的点：生成面

（d）紧密排列的点：密集感

（e）分散排列的点：疏松感

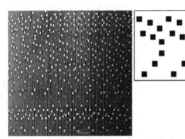
（f）方向排列的点：流动感

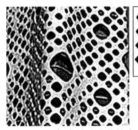
（g）大小变化的点：节奏感

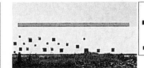
（h）排列变化的点：疏密感

（i）规律变化的点：渐变感

图4-1-1 建筑外墙中"点"的排布方式
（图片来源：网络；分析图作者自绘）

图4-1-2 建筑外墙中不同形状的"点"
（图片来源：网络；分析图作者自绘）

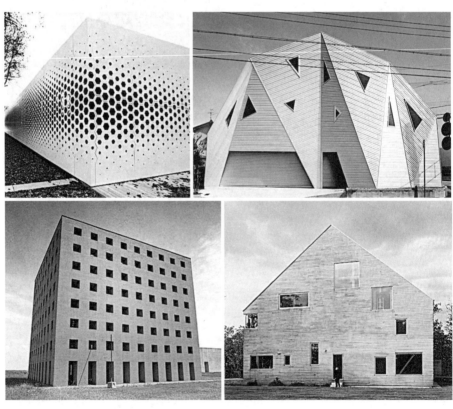

图4-1-3 点在外墙中的应用案例
（图片来源：网络）

图4-1-3　点在外墙中的应用案例（续）

（图片来源：网络）

4.1.2　线

　　线是点移动的轨迹，是面的边缘、面与面的交界。不同的位置、形状、方向的线给人不同的心理感受。线分为直线和曲线两大基本类型，直线给人坚硬、简单、坚定的感觉，包含水平线、垂直线、斜线、折线、平行线、虚线、交叉线等；曲线包含弧线、旋涡线、抛物线、封闭曲线、自由曲线等，弧线给人张力感，自由曲线给人运动感，封闭曲线给人封闭感，圆圈给人稳定感（图4-1-4）。不同长短、粗细的线按照不同的方式组合，会产生节奏与韵律的形式美（图4-1-5、图4-1-6）。

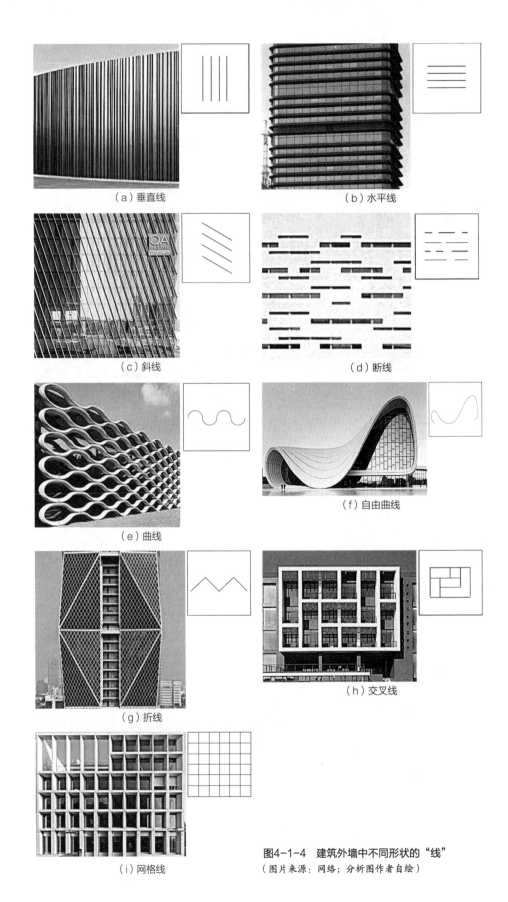

（a）垂直线

（b）水平线

（c）斜线

（d）断线

（e）曲线

（f）自由曲线

（g）折线

（h）交叉线

（i）网格线

图4-1-4　建筑外墙中不同形状的"线"
（图片来源：网络；分析图作者自绘）

（a）不同长短的线	（b）不同宽窄的线	（c）不同间距的线
将长短不同的线进行排列，长线给人拉伸的感觉，搭配短线呈现出活泼跳跃的动感。	将粗细不同的线进行排列，粗线条给人实在的感觉，而细线则表现出虚的形态，形成虚实对比的效果。	将线按不同的距离进行排列，线距疏的部分看起来空虚，线距密的部分则表现得厚实，形成虚实对比。

图4-1-5　建筑外墙中"线"的组合形式
（图片来源：网络；分析图作者自绘）

图4-1-6　线在外墙中的应用案例
（图片来源：网络）

4.1.3 面

面是线移动的轨迹，是点的扩大，体的表面。二维的面具有形状、方向性。面进行折叠、弯曲后形成三维的面。面有平面、折面和曲面三种基本类型（图4-1-7）。形态不同的面，具有不同的表现力（图4-1-8）。

（a）平面

（b）折面

（c）曲面

图4-1-7 建筑外墙中不同形态的"面"
（图片来源：网络）

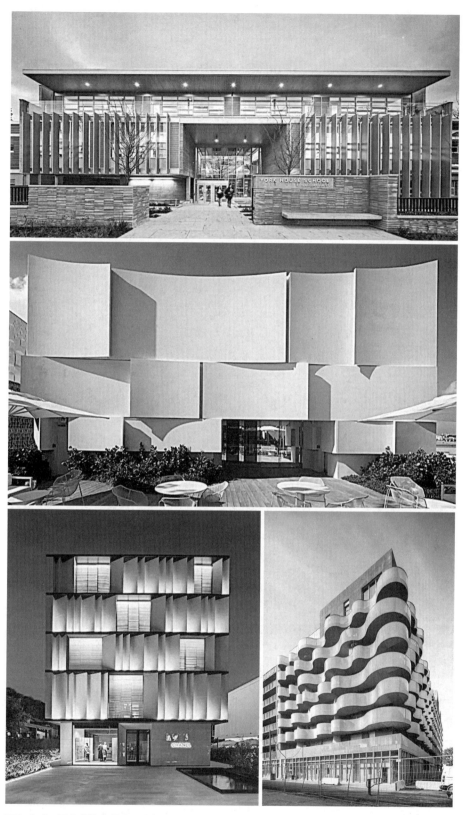

图4-1-8 面在外墙中的应用案例
（图片来源：网络）

建筑外墙的形式构成以点、线、面入手，可以利用其中的一个元素，也可以综合利用多种元素构成。不同的形式给人的心理感受不同，建筑师通过运用变化的形式来展示建筑的风格特征（图4-1-9）。例如，外墙的横线条构图给人平稳、舒展的感觉；竖线条构图给人挺拔、高耸的感觉；斜线给人运动感；曲线给人张力感；圆圈给人稳定感；由实面构成的体给人坚实感；由虚面围合的体给人轻盈感。形式的构成不是简单的拼贴，要符合基本的审美法则，才能创造出理想的建筑形象。在进行建筑外墙设计时，可根据物理功能、建造逻辑、空间特点、环境因素、情感表达的需求，综合利用点、线、面元素进行构成。

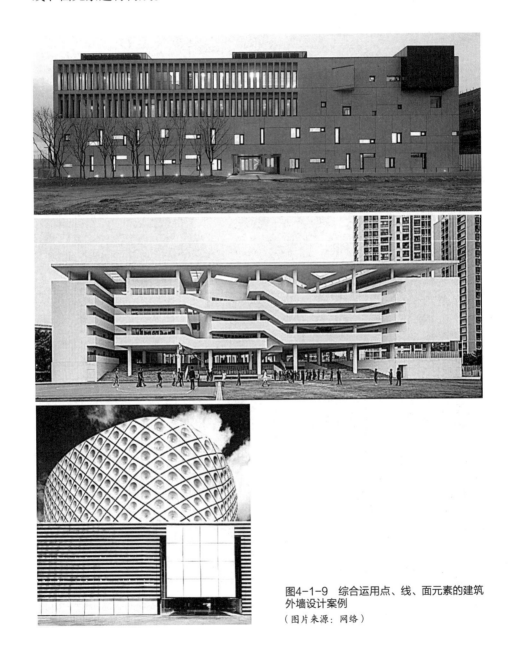

图4-1-9　综合运用点、线、面元素的建筑外墙设计案例

（图片来源：网络）

4.2 视觉要素

从人的视觉感知来看，影响建筑外墙的形式主要有形态、色彩、图案和光影四大因素，这些要素综合在一起构成了千姿百态的建筑，人们通过这些视觉要素感知建筑所表达的情感和精神。对建筑外墙的分析，离不开形态、色彩、图案和光影这四大要素。

4.2.1 形态

形态，是建筑外墙最基本的要素，也是视觉构成的第一要素，其最先吸引人的注意力，光与色都要依附于形态才能使建筑更具有表现力。最初，建筑外墙作为建筑的结构围护体系，形态上需要满足能够承担自身和屋顶的荷载，其形态都是最基本的形式：立方、圆锥、方锥、圆柱，这些基本形态能够很好地满足结构受力（图4-2-1）。建筑师运用这些基本的形态进行加、减组合，旋转，突变，形成多样的外墙形态。当外墙从建筑结构体系中脱离出来，它的形态打破常规基本形式的束缚，出现了丰富的立体几何形态（图4-2-2）。

图4-2-1　几何体的建筑案例
（图片来源：网络；配图作者自绘）

图4-2-1 几何体的建筑案例（续）

（图片来源：网络；配图作者自绘）

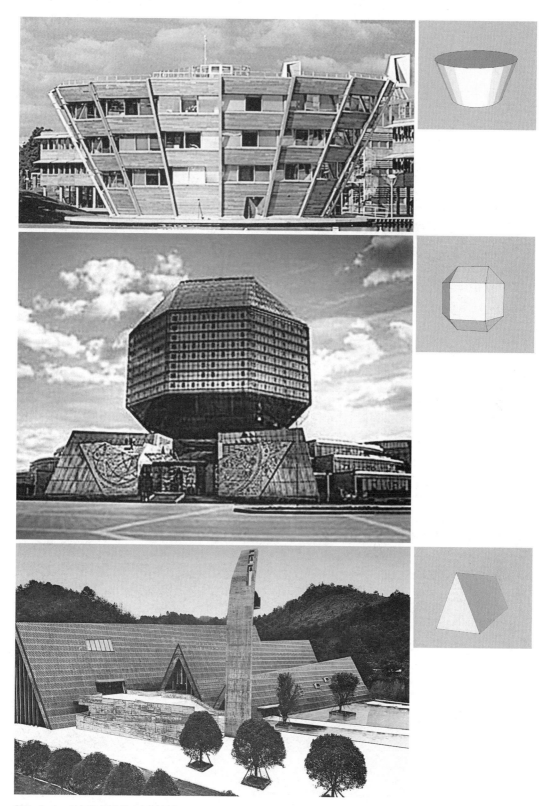

图4-2-1　几何体的建筑案例（续）

（图片来源：网络；配图作者自绘）

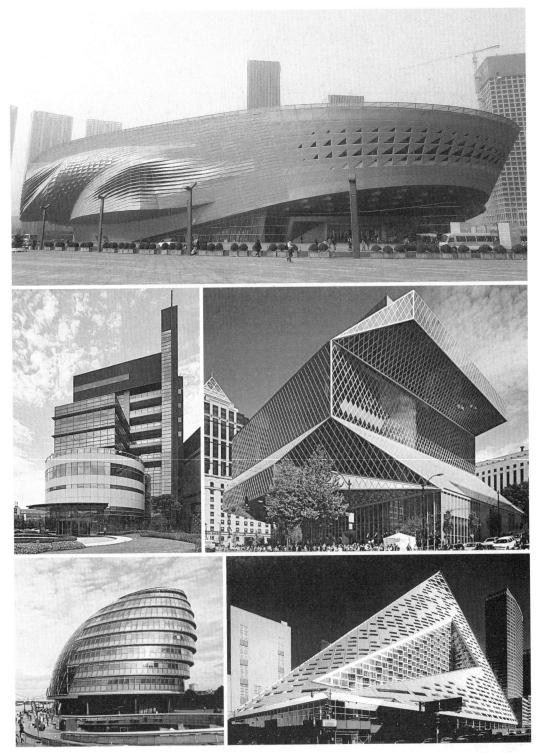

图4-2-2 变化的立体几何形态建筑案例
（图片来源：网络）

建筑形态可通过叠加、挖洞、旋转、突变等（详见本章4.4节）手法进行变化，创造出丰富各异的建筑造型，缔造各类建筑空间，表达独特的建筑语言。

建筑外墙的形态也是建筑空间的形态，以"物"的形态决定"空"的形态。同时建筑外墙的形态传达着建筑不同的性格和感情，简洁、稳重、活泼、乖张等。在外墙形态的设计中要结合空间的形态和建筑艺术表达方式，对内对外统一和谐。

4.2.2 色彩

色彩是建筑外墙中重要的视觉要素，它依附于形态和图案存在，与其他视觉要素一起传达建筑信息。人们对于色彩的辨识依赖于光的存在，外墙所呈现的色彩都是建筑本身的色彩与光源共同作用所产生的，建筑外墙对不同波长的反射率和吸收率不同，从而呈现多样的色彩形式。

色彩的三个属性分别是色相、明度和纯度，色相是色彩的相貌和名称，明度是色彩的明暗程度，纯度是色彩的纯粹程度，这三个属性是识别、分析和比较色彩的依据。色彩往往给人非常直观和鲜明的视觉印象，创造强烈的情感氛围，是最直接有效的视觉要素。例如国际公认的"中国红"，给人经典、沉稳、统一的感觉；国家游泳中心水立方建筑外墙膜结构采用蓝色，表达了沉稳、冷静、理智的效果；此外白色给人纯洁、高尚、和平、神圣的感觉，黑色代表黑暗和恐怖，绿色象征春天、自然、新鲜，黄色代表光明、愉悦。色彩能给人冷暖、远近、大小、软硬、轻重等不同的感觉，因此适当地运用色彩，可以改变空间给人的感受，从而达到对空间设计艺术化的目的（图4-2-3）。

图4-2-3 色彩在建筑外墙中的应用案例
（图片来源：网络）

外墙中的色彩设计，主要考虑色彩与材质的效应以及色彩在建筑外墙中的使用面积。材料的质感肌理丰富了色彩的表现力，不同的材料反映出不同的色质。色质可分为反光、平光、亚光、透光等多种类型。不同材料所制作的建筑装饰材料也不同，例如内墙漆、陶瓷和玻璃，前者规整、亚光泽，给人以沉着、温和、平静的感觉，而后者则在阳光下耀眼刺目。另外，色彩使用面积的不同给人的心理感受也不尽相同，大面积色彩的使用必然减少了对比，会使人产生沉着、温和与平静的感觉，这就是色彩给人的心理反应（图4-2-4～图4-2-6）。

图4-2-4 慕尼黑安联足球场
（图片来源：网络）

足球场整个外墙用光滑可膨胀的ETFE材料透明膜材制成，通过内部数量庞大的LED照明设施及强大的控制系统，建筑表面可以精准持续地变换不同的色彩和图案，让整个建筑看上去像一个LED大屏幕，建筑外墙的颜色、图案可以表达球场作战的队伍、国家，进球时的热情，对退役球员致敬，甚至是中文拜年。

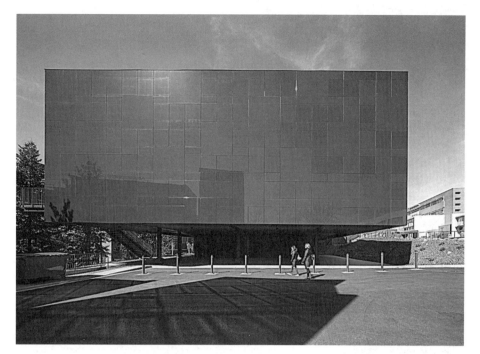

图4-2-5　新乔丹·施尼策艺术博物馆
（图片来源：网络）

位于华盛顿州立大学（WSU）内的新乔丹·施尼策艺术博物馆是370公里半径范围内唯一的专门美术博物馆，建筑外墙采用州立大学标志性的深红色，具有强烈视觉冲击，犹如校区中的艺术灯塔。

图4-2-6　巴黎M6B2生物多样性塔楼
（图片来源：网络）

绿色的建筑外墙象征自然，植物外墙像是一个播种工具，借用自然风可以将植物种子散播到城市中的各个角落。

此外，建筑外墙的色彩设计还要考虑到周边环境及城市的关系。建筑作为城市的重要组成部分，建筑色彩也是城市色彩的主要组成部分，与景观、小品、公共设施等众多要素共同营造城市氛围。建筑外墙的色彩要符合城市规划及城市设计的要求，遵循历史文脉，协调区域整体，通过建筑色彩表达城市精神（图4-2-7、图4-2-8）。

图4-2-7　RIPPLE Grand Palais 剧院
（图片来源：网络）

建筑的一半由砖砌而成，另一半的外墙是穿孔的金属板，建筑整体的暖色调与周边建筑保持一致，但金属板外墙使用较高饱和度的黄色，使得新建筑既能与环境相融合，又能吸引人的注意力。

图4-2-8　法国马赛La Marseillaise办公大楼
（图片来源：网络）

建筑外墙覆盖3850个独立的超高性能纤维增强混凝土遮阳结构，采用蓝、白、红三色，蓝色象征天空，白色象征白云，红色象征建筑，使建筑外墙带有当地城市的色彩，具有浓厚地中海氛围。

4.2.3 图案

　　建筑外墙的"面"为建筑师提供了作画的图纸,通过墙面上的图案可以表达建筑的功能、建筑的文化,通过直观的视觉效果传递信息。建筑外墙的图案可分为三种,一种是由建筑结构或构件形成的图案,一种是由外墙材料形成的肌理图案,一种是绘制或印刷在墙面上的图案。香港中银大厦的墙面由外部斜向的结构加固构件和围护体系的纵横线条二者构成了三角与菱形的几何图案,使建筑显得高大挺拔(图4-2-9)。上海世界博览会加拿大馆的建筑墙面是由木条排列而成的三角形拼接构成,而每一个三角形又通过木条的排列方向拼凑出丰富的肌理效果(图4-2-10)。建筑外墙的图案形式主要有两种,一种是文字、数字、符号等元素图案,另一种是几何图案(图4-2-11~图4-2-23)。

 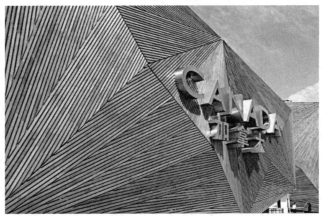

图4-2-9　香港中银大厦　　图4-2-10　上海世界博览会加拿大馆

图4-2-11　建筑外墙利用文字、数字、符号等元素进行装饰
（图片来源：网络）

图4-2-12　建筑外墙用圆形、三角形、矩形、多边形等几何图形进行装饰
（图片来源：网络）

图4-2-13 上海世界博
览会塞尔维亚馆
（图片来源：作者自摄）

上海世界博览会塞尔维
亚馆的外墙设计利用传
统的编织技术，将五颜
六色的构件拼合成独特
的手工毯的传统图案。

图4-2-14 Gulshan
清真寺
（图片来源：网络）

孟加拉国Gulshan清真寺
的滤网结构暴露于建筑
外墙，同时为室内提供
遮阳，镂空装饰图案来
源于伊斯兰教的宣言
"La-ilaha-illallah"。

图4-2-15 LV日本东京银座店

（图片来源：网络）

LV日本东京银座店外墙的几何图案，结合了日本传统的装饰图案与LV标志性的格子图案，将地域文化与品牌文化密切结合。

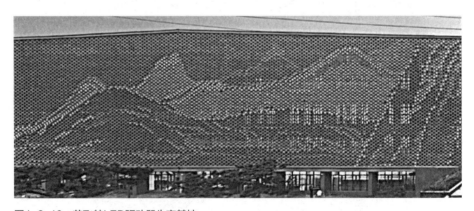

图4-2-16 英飞特LED驱动器生产基地

（图片来源：网络）

英飞特LED驱动器生产基地坐落于元代画家黄公望的名作《富春山居图》所描绘的富春山水之间，基地的一二期之间连接了一面1000米超长的外墙，建筑师提炼黄公望《富春山居图》的绘画意象，在手工陶土砖的砖孔之中综合运用旋转、填充等不同砌筑效果所形成的光影变化，在这一超尺度外墙上进行巨幅的立体山水画卷演绎。

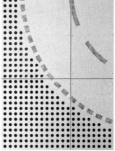

图4-2-17　丹麦乐高停车场

（图片来源：网络）

丹麦乐高停车场的外墙面上借用了乐高积木中城市道路的图案，使得建筑与品牌所联系。覆盖外墙的金属穿孔板由9种不同的道路图案拼接成城市道路样式，图案拼接的设计理念来源于乐高积木的搭接方式。

图4-2-18　迪拜迷宫塔

（图片来源：网络）

迪拜迷宫塔的外墙是由阳台组合而成的迷宫图案，这个图案不是随机生成的，而是一个真的迷宫。

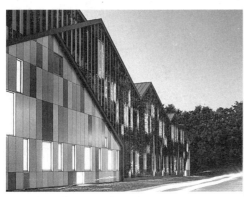

图4-2-19　迪尔贝克文化研究中心

（图片来源：网络）

迪尔贝克文化研究中心利用外墙垂直的构件使得建筑立面从不同的两个方向看过去呈现两种不同的图案，向自然生态林地保护区望过去，从外墙会看到反射出来的树木图案。向相反方向望过去，则会看到色彩搭配的图案。

图4-2-20 中国广核集团大厦
（图片来源：网络）

中国广核集团大厦的建筑外墙设计灵感来源于原子核裂变与聚变，高层部分外墙利用不同大小、方向的窗形成丰富多变的肌理，裙楼部分形成网格裂变，外墙肌理以单元的重复与变异表达了数字化的美学特征。

图4-2-21 成都龙湖·梵城之眼
（图片来源：网络）

建筑的外墙面采用同一形态的金色金属铝杆件与形态变化的白色金属铝杆件，利用参数化设计，在正对入口处凝聚成索伦之眼。设计灵感来源于"动态艺术运动"，将动态表达结合视觉效果的艺术形式。

图4-2-22　加拿大西蒙园区
（图片来源：网络）

Campus Simons项目外墙使用铝板，方块形的材料拼接成"凹凸不平"的表面，配合金属独特的光影效果，呈现出精致的编织机理。

图4-2-23　西比尔中心
（图片来源：网络）

悉尼大学女子学院的西比尔中心是为女性量身打造的，建筑外墙图案描绘了女预言家西比尔故事的戏剧场景。

4.2.4 光影

　　光是视觉感觉的前提，决定着视觉传达的形态、色彩、图案等特征，光线的变化可以使建筑物本身产生丰富绚丽的光影效果，还能够使得建筑表面的材料质感、色彩、空间形态等表现得淋漓尽致，富有艺术氛围及空间意境。而在建筑外墙上的人工照明灯光设计，更让整个建筑亦真亦幻，光彩缤纷。当今，随着科学和建筑技术的不断进步，我们应该积极地在建筑外墙设计中充分利用自然光和人工光，努力创作出更丰富的艺术形态，表达向上的精神，提供更多的视觉感受（图4-2-24～图4-2-26）。

图4-2-24　上海世界博览会韩国馆
（图片来源：网络）

韩国馆外墙的韩文图案像折纸一样呈现出立体的文字图案。白天在太阳光的照射下显示出立体的效果，韩文图案的后面安装了照明设备，夜晚灯光照射使韩文图案更加突出。

图4-2-25　橘园
（图片来源：网络）

这个临时展馆内部是一个小型的橘园，柑橘植物被悬挂在顶部，夜晚，内部的灯光让整个展馆看起来像个灯笼，在外墙本身透明的材料上投上植物斑驳的影子。

图4-2-26　帕特里亚保险公司

（图片来源：网络）

建筑外墙采用反光玻璃，白天室外阳光强烈时，外墙犹如一面镜子，反射出周围的自然环境，夜晚室内灯光透出玻璃外墙，整个建筑看起来犹如灯笼一样。

4.3　美学原则

　　建筑的美感源于建筑的形式，人们对于建筑的审美是一种主观的感受，是对建筑的比例尺度、造型样式、色彩质感等一系列外在因素的综合考量。建筑的形式美是遵循一定的客观法则的，如变化与统一、对称与均衡、对比与调和、比例与尺度、节奏与韵律，这些都是构成建筑形式美的基本原则。那些优美的古典建筑的形制在演变的过程中一直遵循着美学的规律，符合这些形式美法则规律的现代建筑当然也给人以美的感受。

4.3.1　变化与统一

　　变化与统一是形式美的基本法则，它是一切形式美的基本规律，要求建筑形式表现出和谐统一的关系。有秩序而无变化，结果是单调无趣；有变化而无秩序，结果是杂乱无章；统一之中富于变化是一种理想的境界，能够带给人愉悦的美感。建筑外墙可以通过形态、材质、色彩、构件或细部的变化，来达到变化与统一的美感（图4-3-1、图4-3-2）。例如简单的几何形体

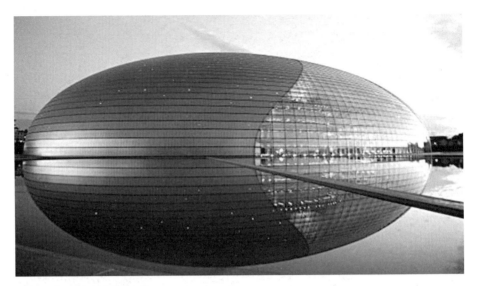

图4-3-1　国家大剧院

（图片来源：网络）

该建筑形体是半椭球形，外墙采用钛金属板和玻璃两种材质，建筑形态统一，材质不同。

（a）变化局部阳台、连廊等构件的形态或位置，呈现统一与变化的效果

图4-3-2　整体统一、局部变化的建筑案例

（图片来源：网络）

　　建筑外墙

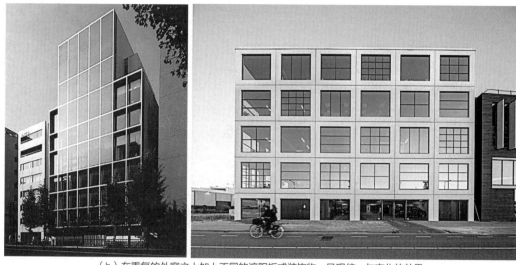

（b）在重复的外窗之上加上不同的遮阳板或装饰物，呈现统一与变化的效果

图4-3-2　整体统一、局部变化的建筑案例（续）

（图片来源：网络）

比较容易取得和谐统一的效果，例如正方体、正三角形、正多边形、圆形等，复杂功能的建筑体量往往有主次之分，在建筑形态设计中可利用主从关系，使其主次分明，以次衬主，突出建筑表现力。

4.3.2　对称与均衡

对称是一种普通的形式美法则，因为无差异性，使人感觉整齐、稳重和庄严，中国古代的宫殿建筑以及西方的宗教建筑多用对称形式显示其稳固及庄严雄伟（图4-3-3～图4-3-12）。对称形式有轴对称、中心对称、螺旋对称等。均衡是对称的发展，为了打破单调的对称，达到变化与统一的和谐关系，以两侧不等量或等量不等形的形式出现。均衡相对于对称富有变化和趣味，较为生动活泼（图4-3-13）。在实际运用中，对称和均衡往往是相互作用，有的建筑形态用对称法则，局部细部设计用均衡法则；有的建筑形态用均衡法则，局部采用对称形式。

国家重要的政治、军事、交通、文化等建筑通常采用对称的手法，给人严谨、庄重、规矩的感觉（图4-3-3～图4-3-7）。

图4-3-3 北京
人民大会堂
（图片来源：网络）

图4-3-4 北京
国家博物馆
（图片来源：网络）

图4-3-5 合肥政务文化中心
（图片来源：《世界建筑》）

图4-3-6 湖州市南浔区行政中心
（图片来源：网络）

图4-3-7 哈尔滨西站
（图片来源：网络）

　　城市中的地标性建筑采用对称的手法，可以突出轴线，彰显建筑的气势（图4-3-8～图4-3-13）。

　　纪念性建筑采用对称的手法，营造庄严肃穆的氛围（图4-3-9、图4-3-10）。

　　宗教建筑采用对称的手法，营造沉稳神圣的氛围（图4-3-11、图4-3-12）。

图4-3-8 欧洲之门
（图片来源：网络）

图4-3-9 渡江战役纪念馆
（图片来源：网络）

图4-3-10 辛亥革命博物馆
（图片来源：网络）

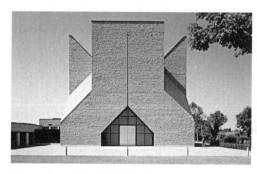
图4-3-11 约翰十三教皇教会中心
（图片来源：网络）

图4-3-12 mary基督教堂
（图片来源：网络）

（a）不同形态的均衡 　　　　　　　　　（b）高低与大小的均衡

（c）色彩与重心的均衡 　　　　　　　　　（d）位置与方向的均衡

图4-3-13　均衡的建筑

（图片来源：网络）

4.3.3　对比与调和

　　对比是指对各部分的不同处理，强化相互间的差异，体现各部分的特色，使建筑造型呈现明显的矛盾和鲜明的差异，由此达到对比的效果。在建筑外墙的造型中，对比的内容主要是形式的对比，包括体积大小、色彩浓淡、光线明暗、空间虚实、线条曲直、形态动静等。对比是强调各部分的个性特征，调和是让各部分有共性因素，从共性中求得整体的统一感，这也是变化与统一的手法。建筑外墙的对比与调和方式主要有线的对比与调和、面的对比与调和、材料的对比与调和、色彩的对比与调和等（图4-3-14～图4-3-18）。

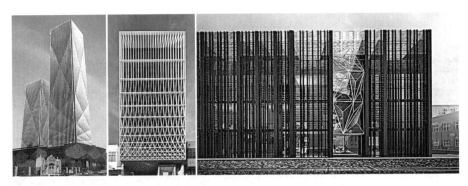

图4-3-14　线形对比

（图片来源：网络）

建筑外墙中线形的对比，例如曲与直、粗与细、长与短、刚与柔等，形成立面构图形式上的对比效果。

图4-3-15 面形对比
（图片来源：网络）

建筑立面的方与圆、大与小、繁与简等的对比，形成立面构图形式上的对比效果。

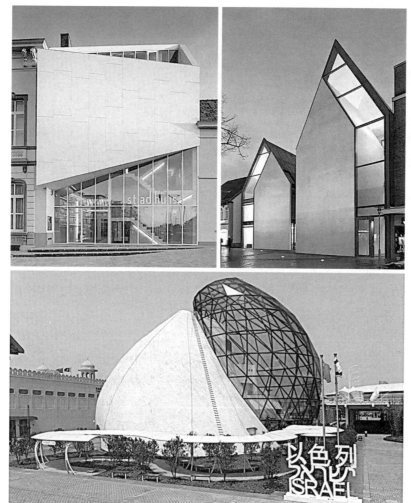

图4-3-16 材料对比
（图片来源：网络）

建筑外墙上的材料形成虚与实、疏与密、粗糙与细腻的对比，突出差异，使建筑造型更丰富。

图4-3-17　色调对比
（图片来源：网络）

在同一建筑外墙面或多个建筑外墙中使用不同的色彩，强调不同，突出个性化。

图4-3-18　骨骼对比
（图片来源：网络）

建筑外墙上的墙面与结构骨架形成对比，建筑外立面有围有透。

4.3.4　尺度与比例

　　尺度是人们对被比较对象的一种测量或衡量，它表达了人与建筑之间的比例关系。建筑形式的宏大或微小，都是人对于建筑的尺度感。建筑外墙中的大尺度表达建筑的宏伟高大，舒适怡人的尺度表达建筑的亲切感，小尺度表达建筑微观的精致感（图4-3-19~图4-3-21）。尺度是建筑与人之间的相对关系，比例是局部与整体或各部分之间的匀称关系，比例是否和谐，对建筑形式的美感起着决定作用。在建筑形式设计中使用合乎规律的比例关系，各部分按比例关系组成会表现出变化的统一，建筑比例的尺度表现出一种舒适的美感（图4-3-22）。

图4-3-19　横琴国际金融中心

建筑在高度上使用超大尺度，给人震撼感。

图4-3-20　河内东风药业医疗中心

建筑使用适宜的尺度，给人亲切舒适的感觉。

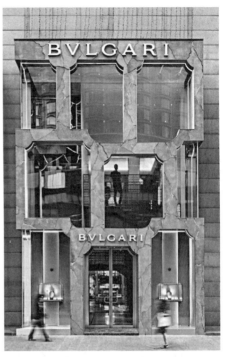

图4-3-21　宝格丽吉隆坡旗舰店

建筑使用较小的尺度，给人精致的高贵感。

图4-3-22　丹麦停车场

停车场建筑外墙的上部使用了模块尺寸较大的金属，与周围大尺度的建筑相呼应，外墙下部使用模块尺寸较小的砖，变为更加亲和人的尺度。建筑外墙既与周边环境相协调，又充分考虑到人的感受。

4.3.5 韵律与节奏

在建筑外墙中利用窗、窗间墙、门洞等构建展开有组织有规律的重复，形成韵律，给人以美感。而节奏要求各部分形式组合要有紧凑、有舒展、有高潮、有平缓，像音乐中交替出现的强弱和长短的音符。节奏不仅是简单的韵律重复，更要有一些变化的因素。韵律与节奏的关系也是变化与统一的表现。可能在韵律变化的过程中某些属性也在变化，例如建筑外墙构建的数量、形式、大小、色彩、质感等的改变（图4-3-23、图4-3-24）。

建筑外墙设计要把握住美学的基本规律，可以从其中的某一规律入手，也可以综合几种美学规律，例如德国汉诺威26号展厅的外墙有玻璃幕墙与实木墙形成的虚实对比，有结构框架与外墙形成的骨骼对比，从整体来看三个重复的形式又形成了连续的节奏（图4-3-25）。

（a）湖南大学法学院、建筑学院建筑群

（b）深圳世界大学生运动会体育中心

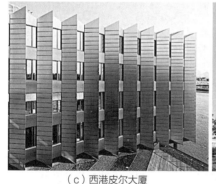
（c）西港皮尔大厦

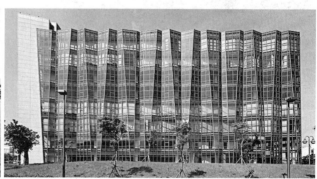
（d）新日光竹科厂办大楼

图4-3-23 外墙的节奏
（图片来源：网络）

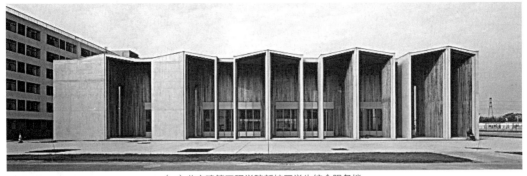

（a）北京建筑工程学院新校区学生综合服务楼

（b）千禧教堂

（c）阿利耶夫文化中心

图4-3-24　外墙的韵律

（图片来源：网络）

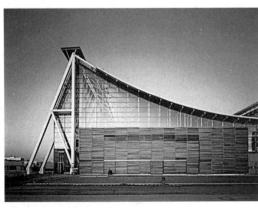

图4-3-25　德国汉诺威26号展厅

（图片来源：网络）

4.4 构成手法

　　建筑创作在经历了千百年的历史之后，已形成了多元的风格与流派，各种建筑形态构成手法创造的建筑的"美"，有的传承了古典建筑构图的"美"，有的开阔了一条新的途径与方法，有的甚至颠覆了传统的构图原则与规律。现代主义反对复古主义和折中主义，出现了全新的建筑风格与形式，随后后现代主义的发展又倡导了全新的美学观念。虽然"美"的法则在不断地创新发展，但古典构图原理仍然发挥着隐隐约约的作用，因为文化、社会、审美的历史发展，犹如"刀砍流水"永不断，无论从创作中、社会现实中，文化传承仍然是起着潜移默化的作用。当代技术与材料的发展，使得建筑外墙的形式日新月异，根据对建筑外墙不同的设计手法，把这些现代构成的手法分为以下四个大类。

4.4.1 加法

　　外墙设计中使用的"加法"通常有以下三种：一是利用整体或局部的形态，利用窗户、阳台、露台、遮阳板等建筑构件，将相同或相似的形态"加"在一起，建筑外墙由统一元素重复构成，建筑整体既复杂又统一（图4-4-1~图4-4-3）；二是将不同形态的建筑形体或建筑构件"加"在一起，建筑整体形态呈现出复杂多变的形态，给人带来意想不到的效果（图4-4-4）；三是在建筑外墙的整体或局部"加"入线条强调重点，突出强调建筑的体量与形态（图4-4-5）。

图4-4-1　建筑外墙"加法"案例1
（图片来源：网络；分析图作者自绘）

相同或相似的图案与形态"加"在一起，
呈现出节奏与韵律的美感。

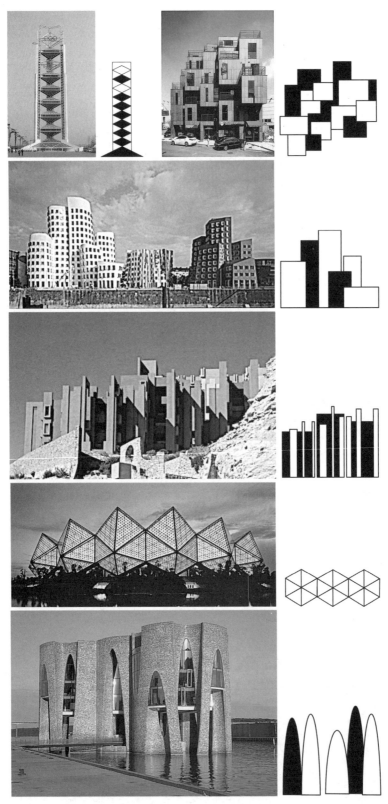

图4-4-1　建筑外墙"加法"案例1（续）

相同或相似的图案与形态"加"在一起，呈现出节奏与韵律的美感。

图4-4-2 建筑外墙"加法"案例2

（图片来源：网络）

"加"在一起的形态通过大小、方向、位置的变化组合在一起，呈现出变化与统一的美感。

图4-4-3 建筑外墙"加法"案例3

（图片来源：网络）

建筑外墙利用窗户、阳台、露台、遮阳板等重复的元素，通过颜色、方位、形态等变化叠加
在外墙上，形成富有变化的立面效果。

图4-4-4 建筑外墙"加法"案例4

（图片来源：网络；分析图作者自绘）

将不同形态的部分叠加在一起，使建筑整体形态复杂多变。

图4-4-4 建筑外墙"加法"案例4（续）

（图片来源：网络；分析图作者自绘）

将不同形态的部分叠加在一起，使建筑整体形态复杂多变。

图4-4-5 建筑外墙"加法"案例5

（图片来源：网络）

在建筑外墙的整体或局部加入线条强调重点，突出了建筑的体量与形态。

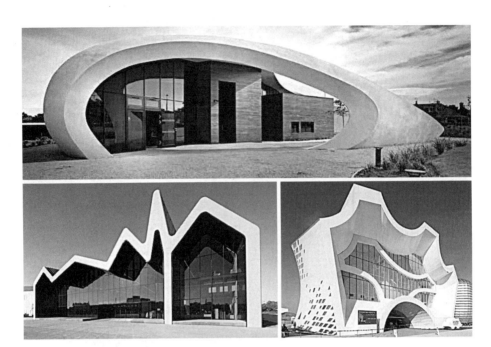

图4-4-5　建筑外墙"加法"案例5（续）

（图片来源：网络）

在建筑外墙的整体或局部加入线条强调重点，突出了建筑的体量与形态。

4.4.2　减法

利用"减法"把整体建筑的局部、角部、内部削减掉，达到消减建筑体量、减弱锋利的边角的效果。保持建筑的基本形态不受破坏的同时，减法能够在建筑形态中挖空部分空间，创造灰空间、空中花园、开放空间，增加建筑的采光与通风，优化形体的同时改善使用功能（图4-4-6～图4-4-10）。

图4-4-6　建筑外墙"减法"案例1

（图片来源：网络；分析图作者自绘）

"减"去局部、角部、内部等局部实体形态。

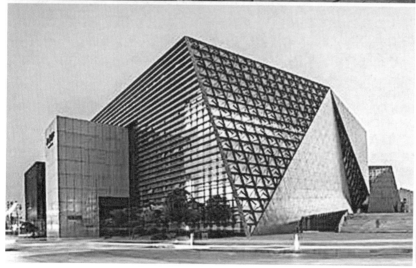

图4-4-6 建筑外墙"减法"案例1（续）

（图片来源：网络；分析图作者自绘）

"减"去局部、角部、内部等局部实体形态。

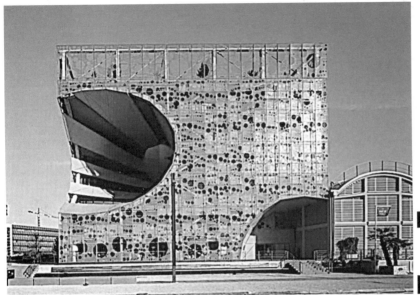

图4-4-6　建筑外墙"减法"案例1（续）

（图片来源：网络；分析图作者自绘）

"减"去局部、角部、内部等局部实体形态。

图4-4-7　建筑外墙"减法"案例2
（图片来源：网络）

利用减法在建筑形态中挖空部分空间，插入灰空间、空中花园、创造开放空间等。

图4-4-8　建筑外墙"减法"案例3
（图片来源：网络）

利用减法对建筑的形体进行多次的消减，从而得到复杂的多面体，建筑外墙既不是规则的几何形态，也不是奇怪的突变形态，是一种折中的处理手法。

图4-4-9 建筑外墙"减法"案例4
（图片来源：网络；分析图作者自绘）

运用减法使建筑外墙的部分"分裂"开来，可以把庞大的体量分解，也可以将单调的立面变得更丰富。

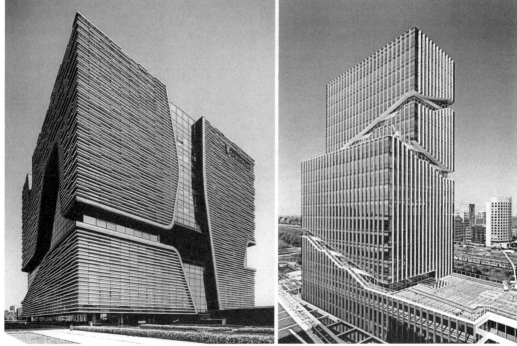

图4-4-10 建筑外墙"减法"案例5

（图片来源：网络）

外墙中"减"去部分材料使其外观发生变化，暗示空间的差异，强调公共空间，使内部空间与外墙统一起来。

4.4.3 突变

　　建筑外墙的形态或局部形态不是规则的几何图形，而是犹如突变形成的变形形体。如建筑整体形态都发生了突变，建筑外墙看起来毫无规律，不符合完形心理，常常被称作是"奇奇怪怪的建筑"。如建筑的局部形态发生突变，此突变的部分犹如受力发生的形变，使其往往具有运动感、方向感、力感（图4-4-11～图4-4-14）。

图4-4-11　建筑外墙整体突变的案例
（图片来源：网络）

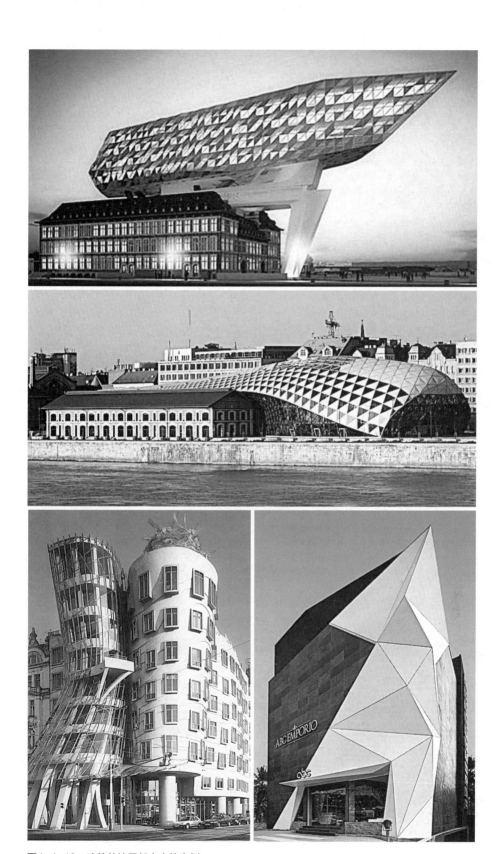

图4-4-12 建筑外墙局部突变的案例

（图片来源：网络）

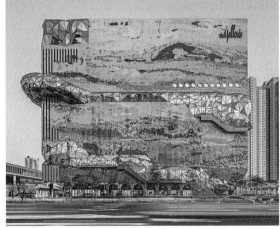

图4-4-12　建筑外墙局部突变的案例（续）
（图片来源：网络）

图4-4-13　建筑外墙局部受力变形的案例
（图片来源：网络）

图4-4-13 建筑外墙局部受力变形的案例（续）

（图片来源：网络）

图4-4-14 建筑外墙整体受力扭转的案例

（图片来源：网络）

4.4.4 柔化

　　建筑外墙通过变换形态、材料、色彩和肌理，可一改坚硬冰冷的传统印象，给人柔和柔软的感觉，例如使用半透明的玻璃、塑料板、膜材料等模糊建筑的轮廓，利用带孔隙的材料呈现半透明的视觉效果，改变垂直面的形态等，外墙的柔化可呈现出亲切、飘逸、浪漫等视觉感受（图4-4-15～图4-4-18）。

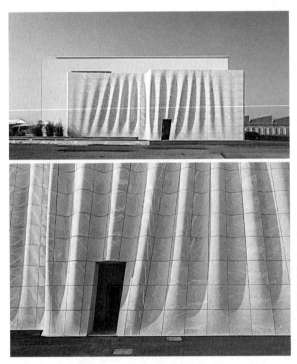

图4-4-15　RIPPLE餐厅
（图片来源：网络）

RIPPLE餐厅外墙的大理石通过异形加工呈现出波浪状的表面，如同被风吹动的窗帘，硬性的材料表达出柔软的质感，赋予建筑柔和、浪漫的视觉体验。

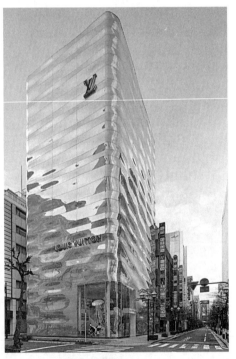

图4-4-16　LV东京银座并木通店
（图片来源：网络）

建筑外墙采用波浪形玻璃，使用二向色膜处理，随时间或位置的变化反射出不同的效果，犹如波光粼粼的水面。

图4-4-17　雷恩数字工厂

（图片来源：网络）

建筑外墙用金属网罩覆盖钢结构和玻璃，柔化了原本坚硬冰冷的质感，同时控制了采光。

图4-4-18　布兰德霍斯特博物馆

（图片来源：网络）

布兰德霍斯特博物馆的墙面外层使用了23种颜色的陶瓷棒，彩色像杂色的温柔面纱柔化了冰冷的方盒子建筑。

5

建筑外墙设计的策略

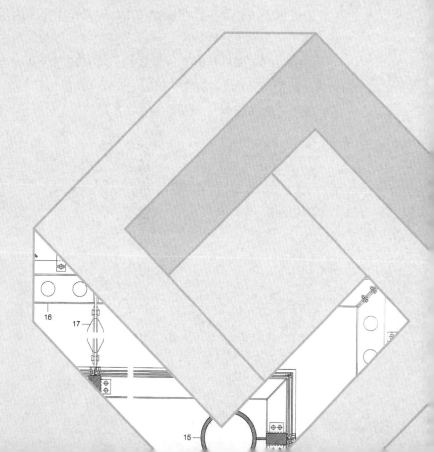

通过前4章对建筑外墙的分析可知，建筑外墙的设计内容由实体的结构、材料和形式的构成、手法共同组成，在进行建筑创作时，不是简单地进行选型，不是形式的设计，更不是手法的堆砌，而是要全面系统地考虑建筑设计中的问题，以解决问题为目的进行创作。在外墙设计中，应考虑作为外维护结构所必备的物理功能，作为结构或依附于结构的建造逻辑，作为空间物质形态的表达特点，作为环境构成元素的反映态度，以及作为建筑介体所表达的文化，这五个方面是外墙设计所需的策略。

5.1　物理功能

建筑墙面作为建筑内部空间与外部空间的分隔，要满足围护和交流的功能。首先外墙作为围护结构要满足安全防护、保温隔热、防水防潮、遮光隔声等要求，主要是起到隔离内外的作用。为了实现外墙的围护功能，可以材料单元为基础，按照构造原理拼接成具有多种功能的围护，也可以多层材料复合建造形成分层的围护结构（图5-1-1）。其次为了与外界交流，还要满足采光通风的要求，主要实现墙面内外的沟通作用。传统的做法是在外墙上开窗，墙作为主体起围护作用，窗户作为采光通风构件依附于墙；也可将围护与交流这两种功能分层次整合在外墙的构造中，例如多层幕墙系统（图5-1-2~图5-1-6）。外墙的这几类功能组合在一起会产生各种对立与统一的关系，光线、视觉、保温、遮光等功能相互矛盾，对建筑外墙的设计要兼顾这些功能。

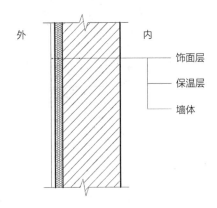

图5-1-1　外墙保温构造示意图
（图片来源：作者自绘）

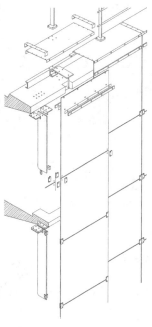

图5-1-2 威利斯办公楼

（图片来源：《Façade Construction Manual 1》by Herzog Krippner Lang）

这是早期使用的单层玻璃幕墙的案例，幕墙系统由玻璃肋承重，玻璃幕墙干净纯粹，采光效果佳。

图5-1-3 仙台媒体中心

（图片来源：网络）

这座建筑采用双层玻璃幕墙，两层幕墙之间相隔1米，中空层的通风系统可以很好地调节气温，夏季将热量带走，冬季储存热量。

经过阳极处理
的铝板

铝板模块之间
的间隙

垂直骨架墙

金属栏杆

图5-1-4　谢菲尔德立体停车场

（图片来源：网络）

该建筑外墙采用经过阳极处理的铝板，将其折叠为立体的四角形模块，这些模块以四个不同的方向固定在垂直框架上。白天铝板将太阳光从不同角度反射到停车场内部，从而控制采光量。

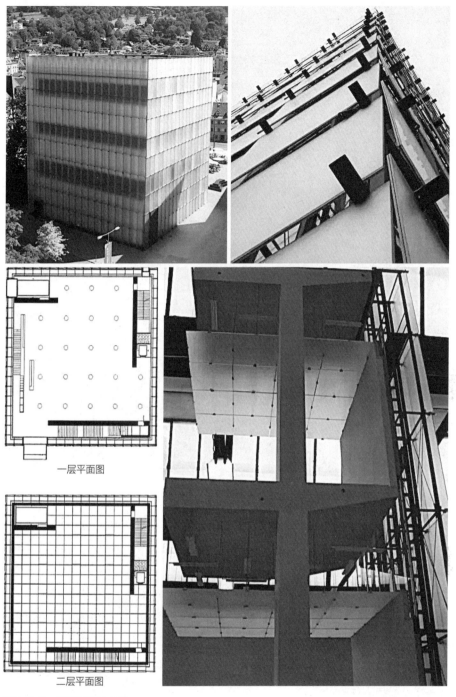

一层平面图

二层平面图

图5-1-5 布雷根茨艺术馆

（图片来源：网络）

彼得·卒姆托设计的布雷根茨艺术馆的建筑外墙由两层玻璃构成，内层为透明的玻璃，以铝合金框固定在方钢龙骨框架内侧，玻璃之间是密封的，起保温作用，外层是一层磨砂玻璃，利用光线漫反射原理，起采光作用，玻璃完整地安放在金属支架上，再通过夹钳固定在钢框架上，每块玻璃之间隔着一定的缝隙，使得空气可以渗透入墙面的中空空间，最终形成多层、多功能的外墙，起到围护与交流的作用。

（a）实景

（b）外部双层印刷玻璃幕墙　　　　　　　（c）室内双层印刷玻璃幕墙

图5-1-6　约翰—刘易斯百货公司

（图片来源：网络）

约翰—刘易斯百货公司的设计理念是做一个网幕，既为内部提供私密性，又不遮挡外部光线。外墙的图案是从约翰—刘易斯的纺织图案存档中选择的其中一个，图案由四片玻璃构成，每片玻璃的透明度不同，在外墙形成了织物一样的表皮。从内部向外看去，双层外墙的图案对齐，并不遮挡视线，而从外部街道向内看，两层幕墙上的图案出现错位，产生一种莫尔效应，遮挡了视线，从而保证了内部的私密性。

5.2 建造逻辑

设计外墙时要选择合适的材料和技术，符合力学逻辑和表达逻辑。若墙体作为建筑结构的围护体系填充于建筑结构之间，建筑外墙的形态要遵从于结构，开窗等也会受到限制，例如常见的开矩形窗的传统立面；若墙体脱离建筑结构体系独立存在，则建筑外墙的形态更为灵活。

建筑的建造首先要选择材料，不同的材料具有不同的性能，选择不同的材料意味着选择不同的结构体系与建筑构造方式（图5-2-1）。不同的结构体系对建筑外墙的限制各不相同（详见第2章），除了遵循常用的结构体系之外，还能利用材料的特性进行创新（图5-2-2~图5-2-4），同时材料本身的表现力也是建筑师在设计时最重要的创作灵感。然后对选择的材料进行连接、组合与整合，以保证建筑结构的稳定性为前提，尊重每种材料的物理及力学性能，结合建筑结构与构造形式，将材料运用到恰当的位置（详见第3章）。选择材料时还要考虑建筑施工的便利性，否则再好的设计若无法施工也只是纸上谈兵，因此在设计时应充分考虑其建造的过程。

图5-2-1 印度管理学院
（图片来源：网络）

路易斯·康在印度管理学院的设计中，考虑到地域、工艺与经济因素，建筑外墙材料选择用砖来砌筑，为了解决在砖墙面上开洞的问题，他采用了平拱加钢筋混凝土拉杆的构造形式，利用砖的抗压性能与混凝土的抗拉性，将砖与混凝土结合在一起，用砖拱和钢筋混凝土梁的复合结构来表现墙面，将受力形式完全展示出来。

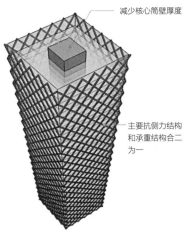

减少核心筒壁厚度

主要抗侧力结构和承重结构合二为一

筒中筒结构

图5-2-2　厦门世侨中心及其结构示意图
（图片来源：网络）

厦门世侨中心的标准层平面受基地限制仅1400平方米，为尽可能减小核心结构，这座高层办公楼的结构体系外露于外墙，利用结构构件形成了外墙的网状图案。

图5-2-3　PRADA东京旗舰店
（图片来源：网络）

该建筑外墙结构使用斜向交叉的钢结构，在满足结构要求的同时保证钢结构外框纤细的尺寸，使建筑整体犹如一个刚性笼状结构，建筑外墙呈现出菱形的网格，和菱形曲面玻璃共同组成建筑如宝石般晶莹的视觉效果。

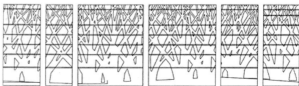

图5-2-4 TOD'S东京店

建筑外墙是混凝土墙围绕着建筑的六个面创造的全新的结构形式，外墙借用树木内在的结构性来直接表达力的流动，建筑上部树枝变薄，分支变多，借助混凝土的可塑性，将这个非常规的结构合理地建造了出来。

5.3　空间特点

外墙作为空间的围护，决定空间的形态，而空间通过墙的形态得以体现，空间的功能例如采光、通风、私密性应在建筑外墙上反映，两者相辅相成。例如起居室应大面积开窗，而卧室在保证充足采光的前提下应当保证私密性，美术馆为防止眩光不宜在外墙上开窗等，另外也需要根据不同的气候条件选择墙面的形式与构造。通过外墙的形态也可以反映出内部空间的功能与联系（图5-3-1～图5-3-5）。

图5-3-1 郑州市郑东新区城市规划展览馆

（图片来源：网络）

郑州市郑东新区城市规划展览馆的外墙由玻璃百叶围合起来，这些百叶与外墙结构成0°、45°、90°三种角度，分别对应内部采光通风要求不高的区域；对视线有一定限制的区域；以及漫步动线对城市在视线上完全打开的区域。

图5-3-2　SIRI自宅外墙及各层平面图

泰国的SIRI自宅是一个底层为办公加上四兄妹住宅的混合功能建筑，建筑外墙用线框分为六个部分，分别对应低层商业、四个独立的住宅以及屋顶公共平台。

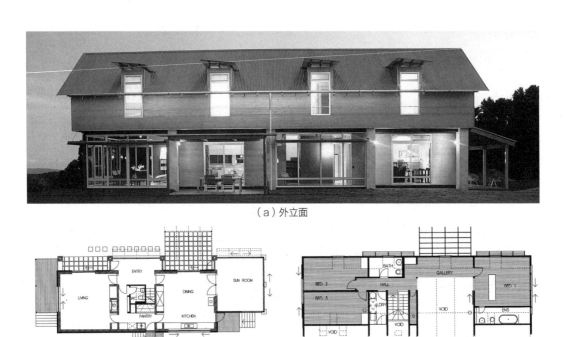

（a）外立面

（b）一层平面图　　　　　　　　　　　　（c）二层平面图

图5-3-3　康加隆住宅

（图片来源：网络）

康加隆住宅的外墙反映了住宅建筑各部分不同的功能，一层平面的功能为起居室、阳光房、餐厅及走廊公共开放的空间，二层平面是相对私密的卧室空间，对应的外墙形式一层为开敞通透的大面积落地窗，二层基本以实墙为主，每个房间有一个竖向长窗。

图5-3-4 香港理工大学社区学院
（图片来源：网络）

香港理工大学社区学院建筑平面以教室为设计模数，各层平面采用4×3的十二宫格配置；建筑外墙配合四层高的空中花园量体，以每4层16米为一个设计模组。建筑在外形上表现了内部的空间关系，从建筑外墙可以清晰地看出整栋建筑的公共空间、教室空间等各个功能体块。

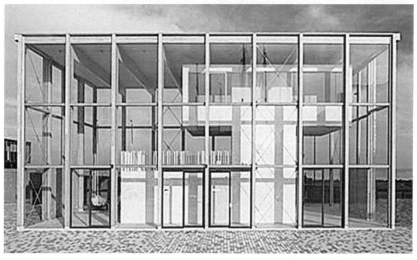

图5-3-5 帆船俱乐部
（图片来源：网络）

阿姆斯特丹的帆船俱乐部业主要求一个大空间来满足多种活动。建筑师利用空间中套空间的策略解决功能要求，建筑外墙用一面装配玻璃套住三层的室内空间，同时形成一个大的半室内活动空间。

5.4 环境因素

　　建筑外墙作为建筑内部空间与外部空间的分隔，室内环境与室外环境对其设计都很重要。现代主义强调由内而外的设计，主张功能决定形式，墙为室内功能服务。而另一方面，外部环境无论是好是坏都会对建筑产生影响，建筑外墙也展示出了建筑对室外环境的态度，建筑师要考虑设计需要隔离哪些元素，需要引入哪些元素（图5-4-1～图5-4-5）。

图5-4-1　香港赛马会创新塔
（图片来源：网络）

香港赛马会创新塔的外墙由富有流动感的横向线条构成，与周围的汽车道与高架桥的整体环境相一致，呈现出快速、动感的形象。

图5-4-2　招商海运大厦
（图片来源：网络）

招商海运大厦地处兴建集装箱堆场的东南角，周边大尺度厂房、堆砌的集装箱、机械吊装设备等传递出浓厚的工业空间氛围。建筑外墙犹如堆砌的盒子，与堆满集装箱的大环境有所契合。

图5-4-3 又见五台山剧场

（图片来源：网络）

又见五台山剧场的外墙面，由不同色彩的石材拼接形成起伏的曲线，犹如重峦叠嶂，与周边五台山的
山形相互呼应。

图5-4-4 湖南大学综合教学楼

（图片来源：网络）

湖南大学综合教学楼地处岳麓山国家风景名胜保护区外
围控制区，如何处理建筑与环境的关系是不可回避的任
务。建筑采用山下江中砾石为外墙材料，使建筑与环境
能够融入本土。

图5-4-5 巨魔墙游客中心

（图片来源：网络）

巨魔墙游客中心位于挪威著名景区巨魔墙脚下，建筑
外墙是简洁的锐角形，外轮廓线与环境中雄伟的山脉
景色相得益彰。

5.5 文化表达

　　建筑是一个技术与艺术的集合体，美的形式是建筑的追求之一，文化的传承与表达是建筑作为物质的精神传递。建筑通过外墙所传达的精神是最为直观的，建筑师通过对建筑外墙的材料、色彩、图案等的综合处理表达建筑文化与创作态度，观察者与使用者通过阅读建筑外墙的秩序与逻辑，在脑海中抽象出美学形象，从而感受建筑的文化精神（图5-5-1～图5-5-3）。外墙所传达的文化精神包含创作者的设计理念、建筑艺术的美学、社会的历史文化、生活民俗、宗教信仰、价值观等一系列的内容，这些文化精神可以通过建筑形态、色彩、图案和符号进行传递（图5-5-4～图5-5-7）。

（a）上海世界博览会瑞典馆

上海世界博览会上的各国展馆，建筑师通过墙面传递自身设计意图及各国文化信息，例如韩国馆墙面上的书刻题字、瑞典馆墙面上的城市规划图等。

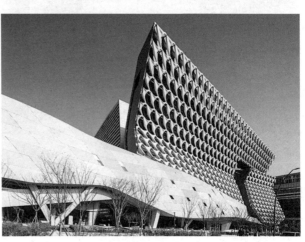

（b）KOLON办公楼

首尔纺织名企KOLON办公楼外墙上设计了相互连接的遮阳伞，遮阳设施联系而成的肌理类似于编织织物，象征了KOLON在纺织品方面的研究，同时也是公司众多部门合作的象征。

图5-5-1　利用肌理的象征性表达情感的建筑案例
（图片来源：网络）

（a）中国东莞篮球中心

该体育馆的形态隐喻了篮筐的形象，屋面上的圈梁让人联想到篮筐上的圆环，建筑外墙面的斜向支撑结构及三角形的玻璃幕墙更能使人联想到篮筐的网。

（b）台湾大学宇宙馆

台湾大学宇宙馆的外墙面由垂直角度不同的遮阳板呈现出圆形，并且随着视角的变化呈现出渐变的动态，隐喻宇宙中的"星球"。

图5-5-2　利用图案的象征性表达情感的建筑案例
（图片来源：网络）

（c）浙江大学医药学院

浙江大学医药学院建筑群的外墙采用白色为底，红色点缀，寓意"生命的血脉"，在研究中心的外墙上用"红十字"表达了医学主题。

图5-5-2　利用图案的象征性表达情感的建筑案例（续）

（图片来源：网络）

（a）丹麦"大波浪"公寓

这座公寓位于瓦埃勒峡湾，建筑形态被设计为五道连续的波浪，用来隐喻当地的自然风景，同时让当地居民有了强烈的地方认同感。

（b）弘一大师纪念馆

建筑造型采用"水上莲花"的隐喻手法传递佛教文化，体现弘一大师莲花般"出淤泥而不染"的人格与精神。

（c）于庆成美术馆

于庆成美术馆的外墙通过利用形态、肌理、颜色的逐渐变化，隐喻了一个不断流动变化的空间形体，一个从静态到动态的过程，象征着泥塑的创作过程。

图5-5-3　利用形态的象征性表达情感的建筑案例

（图片来源：网络）

图5-5-4 梅溪湖国际文化艺术中心

建筑设计构思灵感来源于芙蓉花，建造一座文艺地标建筑，以花瓣落入梅溪湖中激起不同形态"涟漪"的构思，表达了建筑的地域性与文化性，艺术灵感的冲动以及建筑创作个性张扬发挥到了极致。

图5-5-5 河南艺术中心

建筑造型以埙、排箫、骨笛三件传统乐器为符号，传递传统音乐文化精神，在尺度上使用夸张的手法，构成了郑州市郑东新区中央商务区的地标性建筑。

图5-5-6　郑州千禧酒店

建筑设计以传统的古典砖塔为构思原型，以建筑整体的轮廓形态为依托，使用金属构件层层出挑，勾画出优美的古典外形，传达了历史文化。

图5-5-7　苏州博物馆

建筑设计使用江南传统的粉墙黛瓦的搭配，以及漏窗、檐部等细部符号的象征，探索现代中国建筑在民族性、地域性的设计之路。

参考文献

［1］Herzog krippner lang. Facade Construction［M］. Switzerland: Part of Springer Science+Business Media, 2004.

［2］顾馥保. 建筑形态构成［M］. 武汉：华中科技大学出版社，2013.

［3］吴良镛. 广义建筑学［M］. 北京：清华大学出版社，1989.

［4］（英）珍妮·洛佛尔. 建筑表皮设计要点指南［M］. 李宛译. 南京：江苏科学技术出版社，2013.

［5］（西）卡尔斯·布鲁托. 最新立面设计［M］. 武汉：华中科技大学出版社，2011.

［6］（意）亚历山大·考帕. 建筑外立面速查手册［M］. 大连：大连理工大学出版社，2008.

［7］边颖. 建筑外立面设计［M］. 北京：机械工业出版社，2012.

［8］国家基建委建筑科学研究院. 建筑设计资料集［M］. 北京：中国建筑工业出版社，1978.

［9］顾馥保. 中国现代建筑100年［M］. 北京：中国计划出版社，1999.

［10］刘松茯. 外国建筑历史图说［M］. 北京：中国建筑工业出版社，2008.

［11］孙颖. 当代建筑表皮的结构艺术表现研究［D］. 济南：山东建筑大学，2011.

［12］石磊. 当代商业建筑表皮的材料语言研究［D］. 长沙：湖南大学，2013.

［13］齐鹏飞. 生态建筑表皮与光伏建筑一体化研究［D］. 邯郸：河北工程大学，2014.

［14］魏志婷. 基于技术支撑下的建筑结构表现性研究［D］. 天津：河北工业大学，2007.

［15］王高远. 当代建筑外观图案形式研究［D］. 北京：北京交通大学，2013.

［16］石川. 肌理在建筑立面设计中的应用研究［D］. 合肥：合肥工业大学，2012.

［17］沈小五. 建筑表皮情感化的研究［D］. 合肥：合肥工业大学，2005.

［18］甘立娅. 建筑外表皮材料艺术表现研究［D］. 重庆：重庆大学，2007.

［19］魏晓. 现代建筑表皮的材料语言研究［D］. 重庆：重庆大学，2007.

［20］https://www.archdaily.com/

［21］https://pinterest.com/

后记

多年的教学和设计实践，深感建筑外墙的重要性。建筑外墙反映了建筑立面造型，形成了一个街道的风景，沉淀为一个城市的风貌。外墙作为建筑设计要素之一，具有时代性、地域性和可识别性等特征，外墙设计需要与时俱进。人们通常认为建筑的本质在空间，但空间的"无"，源自其围合界面、墙体的"有"，这就是老子关于建筑的"有""无"之辩。建筑外墙需要设计、材料、结构、技术等多方面支持，这正是本书所要阐释的主要内容。

本分册参阅、引用了国内外许多专家、学者、建筑师的学术著作、网站资料和建筑设计案例，感谢所有参考文献的作者，整理过程中如有遗漏在此表示歉意。

感谢中国建筑出版传媒有限公司（中国建筑工业出版社）的领导和编辑的支持与帮助。

感谢顾馥保老师，从资料收集、文字撰写、校稿等各个方面的指导，对本书的编写提出了许多宝贵意见。

感谢郑东军老师在编写的过程中给予的指导与帮助。

感谢我的学生，辅助我完成资料收集、图片整理等工作。

感谢我的家人，对我工作的劳碌满怀理解和宽容。

郑子方
2021年10月20日